后浪出版公司

两 周 逃 出
脏 乱 房 间

勝間氏
汚部屋脱出プログラム

带你回归人生正轨的居家整理术

[日] **胜间和代** ＿＿著   沈亦乐 ＿＿译

江苏凤凰文艺出版社
JIANGSU PHOENIX LITERATURE AND
ART PUBLISHING, LTD

前　言

在这本书中，我想和更多的人分享我通过收拾整理"脏乱房间"，使人生焕然一新的经历。绝对不是夸张，因为践行了断舍离，我"挽回了我的后半生"。

这本书中也分析了房间变得脏乱的各种原因。实际上，对我而言最大的原因是，我曾经认为，我都已经四十七岁，是个大妈了，不再有魅力，今后的人生也不会经历轰轰烈烈的爱情，更不可能再婚，所以房间脏乱点也无可厚非。

在某个电视节目中，当我提到自己不能把家里打扫得干净整洁时，一位咨询师指出："这是因为你没有性生活，被爱的需求得不到满足，所以转而依赖物件，才变得不会收拾。"面对咨询师过于一针见血的分析，我只得苦笑，并感到十分羞愧，终究还是说不出赞同的话。

没错，要是生活在脏乱的房子里，一个人的自我效能感（心理学术语，指个体的自信程度和认为自己有能力胜任的感受）会直线下降，认为自己毫无价值，尤其是在恋爱方面，继而引发恶性循环：房子脏乱，因此没有自信；没有自信，因此无法对恋爱抱持积极心态。

没想到的是，去年秋天出现了一个人，他不嫌弃这样的我，积极地邀请我去约会。虽然最后没能和他发展到交往的地步，但是我脑海中曾经闪过一个念头：糟糕，万一我开始和这个人交往，怎么好意思把他叫到家里来呢？

正好在这个时候，就像我在书里写的一样，一本关于苹果手表和睡眠重要性的书，让我把整理房子的重要性上升到了"要是不收拾，什么都做不了"的高度。于是我开始拼命地收拾。经过不断地试错，我终于构建了一套无论是谁都能做到的舍弃方法，并且让整理好的房间不再回到原来的惨状。

此外，本书中多次出现的"断舍离"一词最早是山下英子女士结合从瑜伽中学习的"断行""舍行""离行"的思想创造而成的新词。它指的是一种通过整理物品认识自我，理清内心的混沌，从而让人生更加舒适畅快的行为技术。现在，"断舍离"一般作为"舍弃"的含义被广泛使用，本书也会延续这一用法。我亲身体会到，真正做到了舍弃之后，内心的混沌确实恢复了秩序，这着实令人吃惊。

作为一个四十七岁的大妈，通过践行断舍离，我的人生究竟迎来了怎样的变化？请各位读者带着兴趣看到最后。

胜间和代

目　录

第 1 章

我在断舍离上
有所觉悟的原因

首先，让我来说明一下在进行断舍离之前，我家是什么状态。我曾经数次在家中接受采访，但其实那都是2011年之前的事了。这几年，我一直拒绝类似的邀约。当然，其中有我不想公开自己家的关系，但真正的原因还是东西多了之后放得乱七八糟，难以向大家展示。实际上我每天都会动手打扫，无奈的是，上自架子下至脚边，东西堆积得到处都是，让人无从下手。

　　迄今为止，每隔四五年，等房子变成这样的状态后，我就会定期搬家，强迫自己减少持有的物品。现在一转眼已经搬进来六年了，房子也到达了极限中的极限。我不得不做出选择：是和以前一样因为搬家所以断舍离，还是不搬家也要断舍离？

　　然而，搬家面临着一个难题。现在的房子是租的，里面有根据房内布局摆放的家具，所以搬走的话会相当麻烦。最头痛的是，五辆摩托车和出于爱好收集的近十辆自行车要放在哪里？我现在住的公寓管理规定相对灵活，所以我把它们全都塞进了地下车库（那里原本是停放汽车的地方），同时在紧邻公寓的其他停车场租了车位，把自己的车停在了那里。这样安排没有什么不方便之处，可要重新寻找满足相同条件的地方实在太难了。

　　因此，这一次，我第一次挑战了不搬家也要断舍离。

整个家都是这样的状态。

先来看一下进行断舍离前的架子。我想你们能够想象整个家是什么样子的。

想必很多读者有过这样的经历,一旦房子变成这个样子,那么:

- 不知道什么东西在哪里。
- 就算买了新的东西,也会被埋没在一堆旧东西里。

就拿衣服为例。我在媒体上亮相的时候,专业的造型师会为我准备最新款的衣服。然而,我平时穿的衣服却很过分,可以说不堪入目。**明明应该有很多衣服,但是我却找不到合适的,不知为何最后总是来回穿同一类破破烂烂的旧**

衣服。更过分的是,到处都是书。有的书已经"生米煮成熟饭"(纸质书经过扫描转化为电子文件)了却还没被扔掉,有的书买回来以后就没翻开过。家里的角落都是这样的书。还有,我常常找不到胶水、裁纸刀这些小件日用品,于是不得不买新的。这样一来就陷入了东西越来越多的恶性循环。

本来我是看中了房子有充足的收纳空间才搬进来的,结果还是逃脱不了房间脏乱的命运。

最大的原因,是我有物品整理拖延症。

不用的电器也好,不再合身的衣服也好,我都想着"说不定以后还有机会用到",就暂且放着了。

别人给的东西,总是先收在储藏间里。

每天这样循环往复,东西越积越多。

一旦达到"收纳破产临界点",房间会一下子变得脏乱

东西多到一定程度后,会突然引发道德风险。什么意思呢?收纳空间被填满,东西放不下的时候,因为超出了自己的管理能力,所以就从此干脆当作没看见,放弃整理。

我把这个时点称为**"收纳破产临界点"。**

以钱为例,支出大于收入,存款见底就意味着破产。同

样的，放进家中的物品数量增长过快，多于丢弃的东西，预留的收纳空间被用尽，就到了"收纳破产"，陷入僵局的时候。

我家的"收纳破产临界点"大概是在 2013 年的某个时候爆发的。自从 2009 年搬入新居之后，家里的东西有增无减，仅仅四年左右，大量的收纳空间就被用尽。在这种状态下，我开始往家里塞更多的东西，房子的收纳功能停止运作。**本来，如果收纳空间使用率没有控制在百分之七十到八十，就会造成物品拿取不便的局面**，如果使用率达到百分之一百零五甚至百分之一百一十，收纳就不再发挥作用，彻底陷入"收纳破产"状态。

一旦达到"收纳破产临界点"，房子变得脏乱的速度会一下子加快。

从此，我便开始在被持续增加的不必要物品侵占的"狗窝"里，一边绕开堆积的物品，一边蜷缩着生活。

断舍离的契机是苹果手表

尽管我内心非常清楚不能继续这样下去，开始断舍离会让家里变得清爽舒适，但是房间已经一团糟，整理的难度超乎想象。虽然市面上有那么多讲述整理和断舍离好处的书，各位读者仍无法付诸行动，就是因为体会不到与整理之艰辛相应的回报。无论是谁，都不愿做没有回报的事。

不知道是不是因为我们人类经历了很长一段热量摄取不足的日子，所以大多数人都很懒惰。无论是思考还是行动，都争取尽量减少热量消耗。

在思考方面，我一直有意识地让自己避免偷懒，但是在行动上，我表面上打着"高效"的旗号，背地里却是个不折不扣的懒人。

是苹果手表让我意识到了自己的懒惰。

苹果手表刚发售的时候我就购买了，但因为周围人对它的评价不高，使用体验不尽如人意，所以它被我搁置在玄关的走廊处近半年之久。我家里的有些东西受到的就是这样的待遇。

直到某一天，我看了《吃饭，运动，睡觉》（*Eat Move Sleep: How Small Choices Lead to Big Changes*，汤姆·拉思著）这本书。书里写道："**比起吸烟，久坐对身体的危害更大，不过每小时进行几分钟的活动就能缓解久坐的危害。**"我在自己开设的"胜间学堂"①也讲了这些内容，之后立即有学生告诉我，苹果手表每小时会发出站起来活动一分钟的指令，应该就是出于这个目的。听学生说了之后，我对苹果手表的这个功能非常动心，虽然不是第一时间，但也开始佩戴苹果手表。

---

① 作者胜间和代在个人网站上开设的自我提升培训项目。——译者注

"看得见"缺乏的身体活动

真正开始使用苹果手表后我才发现，当我专注写稿或在电脑上学习麻将的时候，一转眼一个小时就过去了。到了这个时候，手表就会发出"哔哔"的声音，提醒我站起来。依照手表的指令活动一分钟后，会得到手表的夸奖。就算是在搭乘新干线的旅途中，只要我坐久了，手表也会开始鸣叫，然后我就会急急忙忙地站起来，在过道上来回走，并趁机扔掉手上的垃圾。

苹果手表还能测出每天的活动情况和锻炼情况，帮助我准确地知道自己活动了多少。尽管如此，大部分时间我都没能达成苹果手表为我设定的每日活动目标。

在此之前，因为我有骑自行车出行和去健身房锻炼的习惯，所以一直以为自己比一般人做了更多的运动。实际上，我并非每天都骑自行车，去健身房也顶多是每周一次、每次一小时的频率。而且，不管怎么说，我平时的工作全都是像写稿、录制电视节目、演讲这类几乎不用活动的事情。

苹果手表逐渐让我**"看见"自己实际上有多缺乏活动，而保持了充足活动只是我对自己的误解。**

肥胖研究中有一个概念叫作非运动性热量消耗（NEAT：Non-Exercise Activity Thermogenesis），指的是人醒着的时候，在日常的通勤和工作期间发生的热量消耗，不需要进行特别的运动。尽管人体摄取的热量根据饮食情况而不同，但是有的人摄入很多热量仍然不会发胖，而有的人摄取很少热量也会发胖。最新的肥胖研究在对比这两类人之后发现，**非运动性热量消耗对体形的影响因素最大，甚至超过运动习惯的影响。**

简而言之，用更多时间站立或步行的人更容易瘦下来，而平时不是躺着就是倚靠在座椅靠背上的人更容易发胖。就像我前面说的，久坐不起对健康的危害最大。总之，**平时经常活动有利于保持健康体魄和减肥瘦身。**

戴上苹果手表之后，我才第一次"看见"自己平时有多缺乏身体活动，第一次意识到自己的懒惰，第一次下决心做出改变。于是我开始勤快地活动起来，并萌生了整理房间的想法。**苹果手表是这一切最初的引爆点。**

扔掉懒惰和借口

我增加了日常活动的机会。

试想一下，如果把某一样东西放在家中的好几个地方，那么无论人在哪里都能很快使用，这个过程中不需要多少运动。但如果把这样东西放在家中的某一处，那么每次要用的时候，就必须走到那里去取，用完了还必须把它放回原来的位置。这样一来，既增加了运动量，又减少了物品的数量，可谓一举两得。我就是这样做的。

搭乘铁路出行的时候，一旦开始讲求省力，比如在车站寻找扶梯、上车占座，那么铁路出行这件事本身就会变得麻烦。如果转换一下观念，抱着"全程都站着也不要紧，大不了用走的"这样的想法，认为这样对身体有益，就会开始想：不坐出租车了，坐电车吧；扶梯直梯通通不搭，爬楼梯吧。

我还注销了健身房的会员。原本一周一次的健身房是我用来标榜自己在运动的方式。另外，我处理了家里所有的健身器材，有美腿器、哑铃、瑜伽球等，这些器材占据着家里的空间，却始终没有任何用武之地。取而代之的是，我加入了家附近一家叫作 Anytime Fitness（二十四小时健身中心）的训练健身房。这家健身房一天二十四小时、一年三百六十五天不间断营业，让我能更频繁、更勤快地运动（其实在进行断舍离后，我也退出了这家训练健身房，因为我的活动量已经足够，不再需要去健身房了）。

意识到自己的懒惰之后，我开始一点点转变自己的生活方式。

卧室只放与睡觉相关的物品

另一个让我下定决心断舍离的契机是理查德·怀斯曼的《夜校：改变人生的睡眠科学》（*Night School: The Life-Changing Science of Sleep*）。

这本书罗列了经科学实验证实的能提升睡眠质量的必要条件，其中有关于卧室的论述，内容如下：

"关键在于将自己的卧室定性为睡觉的场所。正如许多睡眠科学家推荐的那样，在卧室进行的活动应该只限于睡觉和性爱，避免用电脑上网冲浪、看电视这类活动。因此，**不建议把电视、电脑、书桌等放在卧室……**"

读到这里，我不禁想，我要不要把与睡觉无关的物品从卧室清理出去？于是，我第一步先开始整理卧室。人一天有三分之一的时间在卧室度过，卧室不卫生将直接影响自己的身体健康。卧室本来就不大，也没放多少东西，在整理上应该不会花费太多时间。

然而，当我真正着手去做的时候，事情大大出乎我的意料。

首先是散落在地板和床上的衣服，因为衣服的数量大于衣柜的收纳容量，所以即使想收拾也找不到空间。

其次，我发现了一件很恐怖的事情：那些没法收进衣柜里只能放在外面，已经皱皱巴巴的衣服实际上是我现在最常穿的衣服。**平时几乎不穿的衣服都整齐地收在衣柜里，而常**

穿的衣服却一直被丢在外面。

我一下子注意到，对自己最常穿的衣服竟然是最不爱护的，这也太不合常理了。衣服乱七八糟地堆在衣柜前，衣柜的门被挡住拉不开，旁边的引体向上器上挂着不怎么穿的成套西装。房间里的物品被赋予了莫名其妙的功能，这其中一定有什么地方出了问题。

当我注意到这一震惊的事实时，脑海中的多米诺骨牌便开始一个个倒下。既然已经有那么多关于断舍离和整理的书，家里堆满东西是多么没效率自然不言而喻。

但是，人就是一种非得要自己意识到，并且明确认可了事情的重要性之后才会行动的动物。

让我"看见"身体缺乏活动的苹果手表和关于睡眠的书是我开始整理卧室的契机。开始整理卧室之后，我才清楚意识到一些事，从此断舍离的进程就像多米诺骨牌一样开始加速向前推进。

爱用的物品破破烂烂，不用的东西占据空间

在我意识到自己所处的状况之后，我决定：

• 作为急性期的措施，每天花几个小时，扔掉五年来积攒的东西。

• 状况得到一定程度的改善之后，养成实时整理、处理物品的习惯。

最开始，我丢东西的时候总是提心吊胆，但很快就不觉得为难了。我暂且制定了一条规则：**原则上除去平时使用的物品，其他一律扔掉**。界定平时使用的物品的标准为：一个月内使用过的非季节性物品，一年内使用过的季节性物品。开始断舍离后，最先让我吃惊的是自己平时使用的物品是多么破破烂烂。换句话说，我们常常面对这样的情况：

• 占两成的爱用物品破烂不堪。

• 占八成的不用物品保持全新的状态，肆意占据着空间。

对此，我首先采取的策略是，把不用的东西处理掉，像钱包和平时用的背包一类的常用物品，因为已经全都磨得破烂不堪，羞于示人，所以一律换了新的。

鞋子的数量也多得惊人，而我常穿的只有其中的十双左右。我把其他鞋子全部处理掉了。和衣服一样，常穿的鞋子脏兮兮的，而不穿的鞋子就像全新的一样。

就像我前面提到过的，衣服也是一样。步入式衣橱和衣柜的深处塞满了衬衫、西装和连衣裙，它们仍然是从洗衣店取回来套着防尘袋的样子，放了好多年了都没拆开过，而且数量多到令人咋舌。

就算是我的爱好也难逃一劫。自行车零件和骑行服，摩托车连体服和靴子，高尔夫球杆和练习用具，不知占据了多大的空间，其中头盔就不止十顶。真正在使用的东西还不到总数的一成。

我要做的只有一件事：

- 分配更多的金钱和空间给发挥作用的物品。
- 不能派上用场的东西，要么扔掉，要么为它们寻找新的用途。

说起来都是理所当然的事。

不用的高尔夫球杆都卖掉了，不用的三辆折叠自行车顺利地找到了新主人——其中一个是朋友读大学的儿子。

全部加起来，大概有八成的东西不是扔了就是给别人了。

断舍离的效果比传闻中还要神奇

几乎每天我都在孜孜不倦地扔东西，经过一个月，我终于结束了急性期的不用物品清理措施。

完成断舍离后，我第一次切身体会到，**一个整洁的家绝对有益于**：

- **睡眠效率**
- **工作效率**
- **烹饪效率**

虽说这是理所当然的事，可是以前的我却做不到。

断舍离的效果真的远超乎想象，不光是短时期内就能看到的"现世利益"，还有能一点点改变人生的"深刻意义"。

具体的效果我会在此后的章节中详细叙述，毫无疑问的是，回报显然大于成本。家里的绝大多数东西都没有了，应该不会再次回到原来的状态了。

断舍离会传染

更加有趣的是，我在"脸书"和免费订阅邮件上实时分享断舍离的经过后，周围越来越多的人也染上了"断舍离症"，开始收拾整理。

很多人或许本来既不崇尚极简主义，也不擅长整理，他们可能是这样想的："胜间喜欢新奇的事物，爱好广泛，总是乱丢乱放东西，如果连她都能做到断舍离，那么我也一定可以。"

一直以来我常说，**为了达成目标，重要的不是付出努力和拥有意志力，而是要建立"框架"。**

在这本书中，我想基于自己的体验，向那些看重物质、有些贪心、好奇心旺盛的读者提出一个计划，让他们也能自然而然、毫不为难地扔掉东西，拥有全新的生活。

第 2 章

通过舍弃获得的
现世利益

介绍整理术的书里记载了断舍离能够带来的各种效果。

往往是"断舍离可以赚钱""断舍离让人变瘦""断舍离之后运气变好了""断舍离有助于桃花运"。我以前也曾怀疑，只是扔掉一些东西而已，真的有那么大的效果吗？可是当我开始践行断舍离，马上就体会到了若干效果。在这一章，我将向大家介绍开始断舍离后，任何人都能感受到的显而易见的"回报"。

原来"扔了就瘦了"是真的

许多人开始断舍离后就变瘦了，其实我也一样。尽管每天吃的食物量丝毫没有减少，但是**经过为期一个月的断舍离，我的体重减轻了两千克左右**。而且，令人欣喜的是，减少的两千克全部是人体脂肪。我想背后最大的原因是我活动得更加勤快了。

实际上，在进行断舍离的一个月中，我每天花一到两个小时把不要的东西找出来，再把它们运到公寓的垃圾放置处扔掉，全程走楼梯。像这样每天进行大量的体力劳动，一天下来就会筋疲力尽。

随着集中式断舍离阶段的结束，我的生活方式也变了模样。

过去我总是动不动就在网上购物，而现在，为了不买没用的东西，我开始尽量去实体店铺，看到实际的物品之后再决定是否购买。这样一来，我搭乘地铁和提着东西徒步回家的机会也增多了。

因为我要求自己经常做一些家务和整理，不要等积攒到一定的量再行动，所以为了一点小事就转来转去的机会也增加了。对于可回收垃圾，之前我都是收集起来统一扔掉，现在每次出门的时候，我会把可回收垃圾带到公寓相应的垃圾放置处扔掉。

房间很脏乱的时候，每次做家务都不得不绕着走，或是挪开成堆的东西才能做事，所以内心对活动这件事有很强的抵触，而现在因为我不再有抵触感，所以**就算匆忙行动起来也完全不会觉得痛苦**。

实际上，苹果手表的测量结果一目了然地说明了断舍离之前和之后每天活动量的差别。

另外，把厨房和冰箱里不需要的东西扔掉后，做饭变得更加容易了，连做饭的门槛都惊人地降低了。我开始关注有益身体健康的饮食，计划用心做像样的餐食。我发现，根据营养均衡的原则在便利店挑选加工品反而非常费工夫，不如在家自己做更加方便快捷。我选择冷冻食品或熟食的次数也减少了，逐渐养成了健康的饮食习惯。

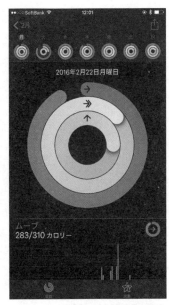

左边是刚开始佩戴苹果手表的时候，右边是践行断舍离之后。从外圈到内圈分别是活动情况、锻炼情况、每小时的站立活动时间是否超过一分钟。

　　我想，之所以变瘦了，除了日常运动量增加之外，饮食生活更加充实也是原因之一。我真心觉得，没有比自己每天轻松做菜，品尝美食更幸福的事了。而且，最重要的是还会变瘦！

"扔了能赚钱"的原因是什么

所谓断舍离，就是指舍弃物品，因此在舍弃之前难免会产生可惜的想法。不过这样想就大错特错了。

进行断舍离之后，我们会自然而然地发现自己不需要的东西。可如果不进行断舍离，多数情况下，我们就发现不了不需要的东西，而且还会不断购买新的东西。

在这次的断舍离过程中，我源源不断地发现了墨镜、衬衫袖扣、粉底液、冬天穿的内衣、手套、冬天用的帽子……数量多得惊人。这些都是我曾经以为缺少而想要买的东西。

断舍离的过程，就是**不需要的东西逐渐减少而必要的物品不断增加的过程**。

更让人目瞪口呆的是，**现金和代金券从家中的各个角落冒了出来**（或许我只是个例）。我琢磨着总不会有一万日元面值的纸币吧，没想到也找到了两张。

工作上，我总会收到现金和兑换券等作为交通费，因为是贵重物品就连着信封一起放在了某个抽屉里，随后就忘记了它们的存在。除此之外，我还发现了很多货到付款时快递员找的零钱、一股脑儿收起来的零钱、一千日元的纸币，因此现金数额一下子增长了不少。

不少尝试了断舍离的胜间学堂的学生们告诉我"我家变大了"。还有好多例子证明，原本放满了物品、不再有使用空间的房间，经过断舍离之后都焕发了新生。

断舍离并不需要花费金钱成本，任何人都可以马上做到，所以必需的物品、钱和房间变多了，相当于获得了纯粹的幸运。

其中的因果关系还没有明确的解释，但就我个人而言，断舍离之后，我的收入也增加了。具体来说，订阅付费邮件的会员人数、申请加入胜间学堂的人数都上升了。进行断舍离的前后两个月间，付费邮件的会员人数增长了近百分之八。如果继续保持这么高的月增长率，那么大约两年后会员人数就会翻倍。

虽然这只是我的推测，但我认为有这样的效果是因为断舍离后我能更加专注地工作了。其中有一部分原因是，活动身体进行整理有利于工作效率的提升。夜间睡眠质量的提高，养成有益身体健康、能够享受美味的饮食习惯无疑也有很大的帮助。吃饭和睡觉是生命的基础，一旦这两者的质量有所提升，人的生产力就会提升，从结果来看，收入自然会增加。

无谓的时间减少了

进行断舍离之后，无谓的时间减少了，而有意义的时间增加了。

我建议各位读者计算一下，自己一天中有百分之几的时间花费在找东西上？为了找到乱丢乱放的必需物品，必须花很多工夫，当断舍离之后，这些无谓的时间会大量减少。

比如，原来我的化妆箱里塞满了化妆品，乱糟糟的，但当我只留下每天真正要使用的化妆品，把不要的东西扔掉之后，每天花在翻找粉底液上的时间和压力都一去无踪迹，**化妆的时间也缩短了一大半**。

说到底，我们每天用到的化妆品只占化妆箱的三分之一左右。我们不需要五种不同颜色的眼影，腮红也只要一款就能搞定。口红我打算只用自己心仪的一支。既然这样，其他的化妆品要么扔掉，要么整理好收起来。

打开衣橱，放眼望去全是自己心仪且必要的衣服，**不会再有"明明有很多衣服，却找不到想穿的那件"的困惑，为搭配而发愁的无益时间减少了**，用在穿着打扮上的时间就会大大减少。

一旦厨房变得干净整洁，做饭的速度就会加快。可以操作的区域变大，就能用上较大的砧板了。如果使用大的砧板，那么每次使用之后就算不清洗，也可以在砧板上另辟一块区域切食材，处理食材的效率也会提高。

在调味料等方面，当我拥有的物品数量不再超出自己的管理能力之后，就能够进行妥善的存储管理。突然想起某样东西用完了，急急忙忙去买的情况也减少了。

此外，我把放进钱包的银行卡精简到了一张，管理起来轻松多了。

总而言之，各项事情都能够既迅速又顺畅地推进。

做喜欢的事情的时间变多了

无谓的时间减少了，能用在喜欢的事情上的时间自然就变多了。

以前我在家里装设了家庭影院，非常热衷在家庭影院观看电影和音乐会的DVD，或是只听音乐。不过，这几年我逐渐冷落了这些设备，原因是遥控器和DVD散落一地，实在怕麻烦，就放弃了。

因此，这个时候家里活动的重心就成了最容易的"仅在电脑旁边就能做的事"，比如工作、读书和玩在线游戏。

这次我买了万能遥控器，把本来总是容易搞混的众多遥控器整合到了一个遥控器上，还整理了DVD和蓝光光碟，这下要是想要播放音乐或是影像就变得非常容易。

我突然想起来，自己曾经还买过适用3D软件的装置和3D眼镜，就给3D眼镜换上了新的电池，这样一来3D软件也能看了。

还有从天花板上悬放下来的伸缩式屏幕。以前屏幕下方堆满了东西，所以没法让屏幕降下来。现在东西少了，屏幕也能用了，成了整个家庭影院最出彩的部分。

显示在屏幕上的画面占据了整个视野，看音乐会的DVD 时营造出的身临其境感决非电视机画面所能比拟。我几乎每天都会用家庭影院听音乐和观看DVD，真是非同一般的享受。

有人会觉得，自己曾经有许多喜欢的事物，可是最近用在爱好上的时间变少了。仅是通过断舍离，花在爱好上的时间或许就会意想不到地回来。

家里没有多余的东西的话，连空调的效果都会更胜一筹，回响的声音也会更加悦耳动听。仅仅是舍弃了一些东西，就得到了轻松的时间和舒适的空间。

第 3 章

改变思维模式是
第一步

在我看来，东西越攒越多的人和舍不得丢东西的人往往都会陷入思维方式的陷阱，过去的我也是一样。**即使是工作上会进行逻辑思考、做事有计划的人，很多时候到了个人生活的领域，也会掉进思维方式的陷阱。**然后，一旦有了失败的整理经历，就会打算放弃，认为"反正就算收拾干净了也只能保持一个瞬间""不会整理的性格很难改变"。

要是不能改变这样的思维模式，就永远没办法断舍离。认识到束缚自己的错误思维，从中脱离出来，是走向断舍离的第一步。

以高效为名的"懒惰"陷阱

世界上到处都是给人便利的事物。所有人都忙到没有时间，所以一旦听到"方便""高效"这样的字眼，就会情不自禁地被吸引。可是，我们有没有思考过，那会是真的高效吗？还是只是懒惰的借口？

举个制作高汤的例子。如果是自己做，需要的食材只有木鱼花、昆布干和小鱼干。做熟练了之后，只要拿手掂量一下就能估摸出食材的大致分量，所以实际上花不了多少时间。

但是，要是舍不得花这个工夫，就必须要准备高汤包、高汤粉、白酱油、面汤等好多种中间产品。

再说健身减肥和肌肉锻炼。本来只要每天跑步和训练腹肌就可以了，可是购物网站上推荐了好多看似神奇的健身器材，给人"有了这样的器材就能坚持"的错觉，让人下意识地掏钱购买。但是，买了之后真的坚持下来了吗？

我家里的健身器材不计其数，光是踏步机就有三台。还有一张一次都没用过的蹦床搁置在走廊上。我买过TRF^①的舞蹈操DVD（压根儿没拆封），当然还有Billy's Boot Camp（美式新兵训练营）^②。这些瘦身影碟，有练过几次的，也有一次都没拿出来的，但不管是哪一类，不知从什么时候起就被束之高阁，对减肥没有起到任何帮助，到头来只是增加了房间的负担。

冷静下来一想就会发现，即便有那么多健身器材也毫无意义。那为什么还要一件接着一件地往家里买呢？是因为觉得买了保险、买了放心。"只要家里有了这些器材，那么任何时间都可以做运动""有了这些就能达到轻松锻炼的目的"。而之所以会这样想，是**出于想要轻松瘦身、什么都不做也能安心的偷懒心理**。

---

① TRF是日本的歌手组合，有多首创下百万销售纪录的单曲。——译者注
② 日本流行的减肥瘦身视频，在美国新兵入伍的体能训练的基础上改编而成。——译者注

我把这样的心理称为**"懒惰成本"**。

生产商品、提供服务的人们都是着眼于"懒惰成本"，接连创造出看起来便利高效的商品和服务，正中懒惰人群的下怀，让他们在不知不觉中掏出了钱包。

上门服务也需要支付"懒惰成本"

我的衣柜里有成堆的衣服，从洗衣店拿回来之后就再也没穿过。我认为，造成这种结果的罪魁祸首是公寓附带的上门洗衣服务。虽然上门洗衣服务非常方便，但是上门收取和返还衣物的时间只有每周两次，分别是周二和周五。这样一来，周五穿过的衣服会在第二周的周二上门取衣，顺利的话第三周的周二，不巧的话第四周的周五才能收到衣服。

也就是说，衣服穿过一次送洗之后，接连两周都没法再穿，因此容易错过最佳的穿着季节和时机。渐渐地，那些必须送去洗衣店的衣服就不再穿了。

如果不觉得自己把衣服拿去洗衣店再取回来麻烦的话，洗衣的问题差不多一天就能轻松解决。再者，如果用自家洗衣机的干洗模式，衣服第二天就能穿，还不用花钱。

因为像这样**支付了"懒惰成本"，最后东西越来越多、浪费时间**的例子不胜枚举。

"批量处理"的陷阱

我们在扫除、洗涤、购物的时候，不知不觉就会**误以为集中处理会更高效经济**，这时就掉入了另一个巨大的陷阱。

其实，这样的想法大错特错。

年轻的时候，我曾经从事计算机的编程工作，那时候我学会了两种数据处理方法。

- 批量处理
- 顺序处理

批量处理是指在积攒了一定的量后进行一次性集中处理的方法。而顺序处理，也叫实时处理，是指即时进行处理的方法。

过去电脑的 CPU 性能较低，因此批量处理占据了主流的位置。但伴随着 CPU 性能的提升，顺序处理成为主流。

道理其实非常浅显易懂，顺序处理能让所有事情更加顺利地进行。

这个原理用系统论也能解释。系统论是通过构架来分析一切事物的。系统论中有一个"反馈循环"的概念，指的是在一定操作完成后反馈结果情况的环节。而其中最重要的就是反馈。实时处理能加快反馈的速度，从而实现 PDCA 循环 [Plan（计划）→ Do（执行）→ Check（检查）→ Action（处理）] 的高速运转，构筑起强大的系统。IT 行业的 PDCA 循环速度较快，因此变化的速度也很快。而在政府部门，一年只进行一次 PDCA 循环，所以变化的速度也相应较慢。

换句话说，**"批量处理"，即集中处理，是极其落伍、陈旧的想法**，而"顺序处理"，即实时处理是更加适应高速的现代社会的想法。

另外，因为计算机性能的提升，实时处理成为可能。完成实际生活中的任务也一样。过去我们洗衣服需要拿脸盆手洗，或是使用双缸洗衣机，而现在用的是全自动洗衣机，甚至还有了洗碗机。家用电器各方面的性能都实现了飞跃，多线程的实时处理成为可能。

对回复邮件和撰写稿件这些与工作相关的事情，我向来都是个见缝插针、一有时间就做完一部分工作的"顺序处理主义者"，可是为什么只有对待家务，我却要选择批量处理呢？发现这点之后，我决心做出改变。

以倒垃圾为例。原先我一直把垃圾堆在玄关，直到去倒垃圾的那天才会把垃圾带到公寓的公共垃圾场。现在，只要注意到垃圾桶里有垃圾，我就会把垃圾装进四十五升的垃圾袋送去垃圾场。

以前我会将衣服和用过的碗碟积攒到洗衣机和洗碗机一次能洗的量再清洗，现在只要注意到有脏衣服或是脏碗碟，即使不多也会使用洗衣机和洗碗机。这样不仅洗衣的时间缩短了，就连晾晒衣服也只需要一眨眼的工夫。

我还要求自己，在收到网购商品时，要立即拆封，并即刻把包装用的纸箱拿到垃圾场。因此如果有快递，我会事先指定在自己肯定在家的时间派送，以便一次性完成签收。为了防止收到信件后不读导致信件堆积，我会在离开信箱回家的路上就拆开信件，把不需要的东西扔掉。

让我吃惊的是，无论是什么，只要不一直堆积，其实处理起来不需要费太大工夫。

购物时批量购买其实不划算

先不说丢弃和处理物品的事，或许有些人会认为购物时批量购买会更加经济和高效。

比如，假设离家不远的地方有一家价格偏高的高档超市，必须走到稍微远一点的地方才有一家低价的大型超市。比起每次在离家更近的高价超市买一点东西，每周去一次低价超市一次性购买大量的物品会更加划算，不是吗？

接下来让我们仔细思考一下。

如果每周进行一次大量采购，我们会想，好不容易来便宜点的超市，这样那样都买一些吧。**结果是不是即使不需要的东西也买回家，最后没有派上用场就腐烂了？**与此相对，如果在需要某样物品的时候，去附近的商店购买，是不是总的来说花费会更少？

在我的印象里，批量购买的时候，最后大约有两成的物品会被白白扔掉。因为要在摸清未来一周情况的基础上进行购物是非常困难的。从结果上看，就算价格偏高百分之十到二十，在必要的时候进行购买也更加经济。我建议各位读者自行验证一下批量购买时的物品废弃率达到了多少。

常常听说，**按需出版发行的书和CD反而销量不佳**。因为就算是大家平时买的书和CD，也并非买了就看、买了就听。然而，一旦书和CD变成按需出版发行，大家就不再会买自己不需要的东西，销量自然就下降了。所以，生活也是采取按需的原则更好，在必要的时候只购买必要的东西。现在只要住在大城市里，超市都开到深夜10点左右，还有第二天就能送达的网上超市可供选择。

需要准备大量存货，批量购买更高效，这些想法都是20世纪的事情了。

其实，**"避免堆积到一起，均衡发展"这一放之四海而皆准的道理同样适用于投资和企业经营领域。**

我在2007年出版了一本名为《钱不要存银行》的书。从那时候起，我一直提倡用"**平均成本法**"投资指数基金来积累资产。

平均成本法是一种定期、定额地长期投资股票和基金等金融产品的方法。投资者会在价格处于高位期间，购入少量的股票及基金，而在价格处于低位期间，购入多一些的股票及基金。**通过均衡成本，降低价格变动的风险，从而更容易地获得稳定收益。**

用管理学上的概念来解释，无论是生产商还是卖家，都会尽可能地**坚持均衡一整年（每个月）销量的原则**。如果销量集中在某一时期，生产商就不得不为之扩大产能，导致非效率化的经营。

也就是说，无论在哪个领域，如果存在极端化的加大负荷或减小负荷的情况，会给整体施加各种压力。在投资和管理学的世界里，如何实现"均衡化"是一个很大的课题。

"沉没成本"的陷阱

舍不得丢弃东西的这一心理背后，有另一个重要的原因是**无形中被"沉没成本"绑架了**。经济学术语"沉没成本"指的是现有价值为零，由于过去投入了大笔费用而产生的成本。

无论是谁，对从日本百元店买来的东西，即使没用过，也舍得扔掉。但是，对于昂贵的数码相机，即使现在没有使用，但因为购买的时候付出了高昂的成本，恐怕也很难下定决心扔掉。

其实现在不用的物品相当于对自己的价值为零，而随着技术的变革，它会变成老掉牙的物件，所以市场价值也基本为零。尽管如此，大家依然无法摆脱曾经花费了大价钱的心理。

即使是在管理学的世界，面对已经投入了大量资金和人才的某个领域，眼看它就要以失败告终，要做出果断撤出的决定对谁而言都十分困难。无论是在投资还是管理中，根据截至目前已经投入的成本，错误估计项目的未来价值，导致判断失误的例子非常常见。

人的认识会产生偏差，因此必须**有意识地摆脱"沉没成本"带来的影响，正确地判断事物的价值**。

什么是真正的价值

那么，物品真正的价值又在哪里？

光是持有某样物品不会产生价值，而持有某样物品对自己有多大帮助、会带来什么样的体验决定了物品真正的价值。用经济学概念来说，**物品的价值由它的效用和使用时间的长短决定**。

我来解释一下，效用指的是物品给人带来的各种意义上的满足感，例如让人觉得喜悦、快乐、幸福，或是给人带去美味的体验。从某种意义上说，或许和近藤麻理惠女士在《怦然心动的人生整理魔法》一书中提到的决定是否扔掉一件物品的判断基准 —— "是否心动"相似。

我们可以通过购物消费来实现效用最大化。就算是在其他人看来像一堆垃圾的收藏，**只要本人因为拥有而感到满足（即效用高），就可以说那是有价值的。**

然而，**人类往往会错误判断物品带来的效用。**没有人会购买一开始就认为效用低的物品，而很多情况下，对于效用低的物品，人们会因为误以为效用高而做出错误的购买决定。好比最初因为觉得可爱买来的衣服，实际上却因为不适合自己或是穿着不舒适，而造成不愉快的感受。这就是所谓的效用低，也就是对自己没有价值。

禀赋效应也会作怪。禀赋效应是指，人会对自己一度拥有的东西产生感情，从而高估失去时的痛苦。

哪怕是买的时候效用很高的物品，当它随着时间的流逝折旧、老化，其价值也会逐渐下降。衣服因为磨损变得破破烂烂属于折旧，就算没有损坏可是却跟不上潮流属于老化。所以，不管穿不穿，衣服的价值都会随着时间延长而降低。

错误估计物品效用的时候也好，物品效用降低的时候也好，重要的是不被禀赋效应和沉没成本这些不理智的心理束缚，做出正确的价值判断，决定物品的去留。

先拿出行动才能获得回报

前面我分析了导致舍不得丢弃物品的心理的三个思维陷阱，分别是：

- 懒惰的陷阱
- 批量处理的陷阱
- 沉没成本的陷阱

我相信，能进行逻辑思考的人一定已经注意到自身在思考上存在的偏差了。注意到思维方式的陷阱，成功改变过往的思维模式之后，首先要做的就是拿出行动。**就算已经理解得十分透彻了，如果没有转化为实际行动，也得不到相应的回报，从而很难产生干劲，坚持下去。**

从下一章开始，我将向各位读者说明在断舍离的实际操作过程中有助于获得成功的规则。

第 4 章

通往成功的基本规则

读到这里，对物品有着深厚感情的各位读者是不是开始对舍弃东西有点动心了？

有这种想法的时候就是行动的时候。择日不如撞日，就从今天开始吧！

对东西堆积如山的人来说，首先必须**采取急性期措施，设定一定的时期把家中不要的东西扔掉**。2015 年年底，我在不经意间开始收拾卧室，"断舍离的多米诺骨牌"就从这里开始了。此后几乎每一天，我都会花一到两个小时持续进行断舍离。对我来说，急性期大约需要一个月。因为家里积攒的东西多，堆放的时间也长，所以花费了这么长的时间。我想，一般家庭如果每天花一到两个小时，坚持两周基本就可以搞定。

首先介绍在执行断舍离时需要遵守的四个规则。这四个规则是我设定的。

规则 1　要领是"现在不用的东西一律扔掉"

断舍离时最重要的，是知道什么该舍弃，什么不该舍弃。基本的判断标准极其简单 —— **现在不用的东西一律**

扔掉。

对于现在不用，以后也不会用的东西，我相信大家都能不假思索地扔到一边。

让人发愁的是现在不用，但以后可能会用到的物品。只要一想到将来可能会用到，就一下子没有扔掉的勇气了。这时候，让我们来思考一下**"心情成本""重置成本"和"空间成本"**。

像电源线、音视频线、衣架、一次性筷子之类的消耗品，几乎不具备稀有性，能够马上以便宜的价格重新购置。这类物品的心情成本和重置成本都很低，所以正确的做法就是大胆地扔掉。

而具有纪念意义的物品的心情成本高，再次购入需要高昂的费用；难以再次得到的物品的重置成本高。这类东西是最难处理的。

唯一的办法就是每个人对此制定能说服自己的标准。我制定的标准如下：

· 重置成本不超过三万日元（约合人民币两千元）的物品：处理。

· 即便是重置成本超过三万日元的物品或具有纪念意义的物品，如果在过去三年间没有使用，预计从现在开始往后的三年中也没有用武之地：处理。

以书为例，除了相当稀有的书之外，已经电子化的、能在二手书店购买或是能从图书馆借阅的书，处理掉准没错儿。三年来自己没穿过的大衣也都处理掉了，只留下了毛皮大衣，因为考虑到三年内出席正式场合的时候一定会穿。

在犹豫到底要不要扔掉的时候，计算物品的空间成本也是一个方法。如果在东京都内以每月十五万日元（约合人民币一万元）的价格租用一户六十平方米的房子（或是贷款），那么房子每天的租金成本是五千日元（约合人民币三百元）。也就是说，每平方米一天的租金是八十日元（约合人民币五元）。

一件物品占用一平方米的空间一个月，产生的成本为两千四百日元（约合人民币一百六十元），一年产生的成本约为三万日元（约合人民币两千元）。要是物品体积小就算了，占据大量空间的物品则会产生相应的成本。

解决了弃用原因就不必舍弃

不过，没必要扔掉那些虽然现在不用，但是其实非常心仪、想要使用的物品。这一类物品**一定有被弃用的原因**，比如哪个部分损坏导致无法使用，哪个部分用着不顺手所以不再用了。这时候我们不如思考一下怎样解决这些问题。

我之前提到过让家庭影院重获新生的经历，我采用的方法是：用一个万能遥控器代替原来的六个遥控器，并整理了屏幕下方堆积如山的物品，让屏幕可以降下来。仅仅是做了这些，我的家庭影院就得到了重新利用，现在可以每天享受它带来的乐趣。

规则2　断舍离要从简单且效果明显的地方开始

我在第1章中已经提过，断舍离具有多米诺骨牌效应，推倒了第一块骨牌之后，接下来就会发生连锁反应，使骨牌依次倒下。因此，从哪个地方开始，以什么顺序进行就变得至关重要。

这次要说的规则是，**从简单且效果明显的地方开始，更容易获得成功**。这是我阅读了若干与整理有关的书籍，并结合自己的亲身实践总结出来的规则。

①自己会长时间停留的地方，看得见的地方（更容易感受到效果）；

②目的明确的地方（容易判断是否需要该物品）；

③物品本身较少的地方，狭小的空间（马上就能做完，较为简单）。

从同时具备上述三个条件的地方开始，有助于推动断舍离走上良好的轨道。

我之前提到，因为偶然阅读了与睡眠相关的书，萌生了整理卧室的想法，从那以后就开始发生多米诺骨牌效应，最后使断舍离大获成功。人每天有很长的时间会在卧室度过，卧室的目的非常明确——睡觉，卧室里的物品数量也相对较少，因此符合上文所说的三个条件。

根据各自的生活方式，每个地方放置物品的数量多少和每个人在那里度过的时间等各不相同，但是一般来说，在外工作的人的家应该按照下面的顺序进行断舍离。

Step1　浴室和盥洗室、玄关、卧室、厨房

Step2　衣柜、书桌（包括各种文件）、客厅

Step3　储藏间

Step1、Step2 中的每个地方我大致用了两个小时。但是在Step3 的储藏间我花了六个小时，最后累得筋疲力尽。在此说明一下，为了帮助大家推导断舍离的合理顺序，本书的最后附有空白表格供大家使用。

规则3　不要想着一次性全部做完

每天抽出一到两个小时的时间，根据规则2推出的顺序，每次对一个地方进行断舍离。重要的是，不要想着一次性把所有的东西扔干净。**下不了决心扔掉的东西暂时不扔也无妨。**一旦犹豫不决，就会花费更多的时间，还会令情绪低落。

我在进行过一轮断舍离之后，又把连续三周没穿的衣服拿出来扔掉了。本应该是在这个时节穿的衣服，却放了三周都没有机会穿，我想这说明已经不需要了，所以我下定决心扔掉它。同样地，断舍离后生活发生变化，于是有些东西就不再需要了。

要是遇到面对每一件物品都下不了扔掉的决心，断舍离毫无进展的情况，设定一个缓冲期不失为有效的方法。首先，遵循规则1，不掺杂任何感情，客观地**把应该舍弃的东西分装到纸箱里，然后在玄关之类的地方放置一段时间**。大多数情况下，把不要的东西装到纸箱里之后，房间会变得宽敞，生活也会比想象中更加舒适，因此就不想把纸箱里的东西再放回原处了。

另外，我认为原则上不应该处理家人的物件。东西是多好还是少好，这一价值观是一个人长年累月形成的，有的人甚至会像信奉宗教一样去坚守，所以我不认为强迫别人做出非自主的改变是正确的事情。

不过，形形色色的书里写到，**"断舍离会传染"**。也就是说，把家人的物品进行大致归类整理，他们就会自行开始把不要的东西扔掉。我家也一样，我开始收拾整理后，我女儿也受到影响，加入了我的队伍。我想，真实感受到家里变干净带来的喜悦是很有力量的。

规则4 养成防止反弹的生活习惯

规则1到3主要解说了在急性期进行集中性断舍离时需要具备的心态。在结束急性期措施，把不要的东西扔完之后，必须仔细思考怎样放置和收纳剩下的东西，以便使用。要领是，**只把每天用到的物品拿出来**。把必要的物品控制在最低程度，而且只把必要的东西摆在外面，这样打扫起来也会变得轻松。此外重要的是，对于收在看不见的地方的东西，**一定要弄清楚它们的"地址"**。

即使作为急性期措施的断舍离获得了成功，如果仍然保留和以往一样的思维方式和生活习惯，很可能会和以前每隔几年就要搬家的我一样，再次倒退到家里堆满东西的生活。为了不再回到先前的状态，必须养成不再让家里塞得满满当当的生活习惯。我会在后面的第7章详细介绍预防反弹的生活习惯。

第 5 章

留下什么，扔掉什么？
初级篇

在这一章，我会依次介绍自己在各个房间进行断舍离的经过，各位读者可以试着在脑海里模拟一下该扔掉什么，又该留下什么。首先介绍Step1中的卧室、浴室、厨房这些适合先着手的地方。

顺便说明一下，每个房间我花费的时间大约是一到两个小时。刚开始的时候可能需要一点时间适应，所以速度会比较慢，一旦掌握了诀窍，之后的速度会越来越快。

还有，因为我是夜型人，所以会在夜里11点到凌晨1点前后进行断舍离，当作睡前做的一点儿运动。各位读者也可以选择适合自己生活方式的时间进行，夜型人可以选择晚上，晨型人可以选择早上。

为了帮助各位读者在家进行实际操作，书末附有空白表格可供使用。

【卧室】

卧室其实是在外工作的人回到家中，度过时间最长的地方。 我之前写到，因为受理查德·怀斯曼关于睡眠的书的启发而开始了断舍离。理查德·怀斯曼这样写道："卧室里不要放与睡觉无关的东西。"书中还有另外一段触动我的话：

"提到自我启发，过去我总是以改善醒着时的活动为重心。这本书的目的，是让占据一天三分之一的时间变得丰富多彩。夜间生活质量提升后，香甜的睡眠会改变人生……"

诚然，**很多人拼命想要提高白天时间的质量，可对于夜晚时间的质量，几乎没有人愿意为之付出努力**。这一事实让人震惊。

身为咨询师，我向来非常重视MECE分析法（Mutually Exclusive, Collectively Exhaustive，各部分之间不重叠，不遗漏所有部分），而这一事实对我而言就是在"夜晚时间的品质管理"环节出现了漏洞。正是在这些容易被人忽略的地方蕴藏了巨大的宝藏。

我的卧室原本完美诠释了"乱七八糟"这个词，甚至让人难以想象每天三分之一的时间是在这里度过的。

床的四周都是成堆的书和工作用的文件，而且全是些不知道多少年之前留下的"古董"。房间里有电视机，所以还有相当数量打算用电视机看的与工作相关的DVD。还有出于健身目的购买的游戏机，原本打算睡觉前利用它稍微运动一下，结果只用了几次就搁置在一边。

更触目惊心的是衣服。

卧室里原有的衣柜因为塞满不穿的衣服，早已达到"收纳破产"状态，后来我又买了新的衣架，现在也已经"破产"。衣架的下面，还有够不到的上方的架子上都放满了衣服，而且也已经放不下了，**最后连床上和地上也都散落着各种衣服。** 睡觉的时候，我不得不暂时把床上拧成一团的衣服挪到地板上，真是惨不忍睹。常常是等我想到要穿某件常用的衣服出门时，才发现它已经被放在了地板上。我不得不捡起已经皱皱巴巴的衣服，再急急忙忙找熨斗，每次都手忙脚乱。

物品的数量和打扫的便利程度成反比。 既然有这么多东西在外面，打扫起来当然费事，而且再怎么打扫都到处是灰尘。究其原因，看得见的地方能打扫到，但物品的底部和背后就很难打扫了。在刚开始整理的阶段，要是不戴手套和口罩，我就会打喷嚏不止、流鼻涕不停。一天中竟然有八小时都在如此恶劣的环境中度过，长此以往对人体健康会产生怎样的影响？想到这里不禁让人胆战心惊。

针对衣服的断舍离，我会在后面详细说明，包括未放在卧室的步入式衣橱里的衣服。简单来说，我处理了卧室里大批的衣服和衣架。DVD 和书、文件等全部搬到了别的地方，或是直接扔掉了。电视机也撤走了。**除了床，整个卧室只剩下每晚睡前用来缓解腰痛的弹力球**（后来我发现不是每天都会用到弹力球，所以最终还是扔掉了）。

经过这一系列的努力，睡眠环境发生了质的改变，**白天犯困和疲劳的情况也减少了。** 仅仅是因为改善了夜晚的环境，白天的生活品质就得到了切实的提升。我加倍注重睡眠质量，开始使用一个名为"Sleep Cycle"（智能闹钟）的苹果手机软件，每天用它记录睡眠时间和睡眠深浅程度等数据，一直坚持到现在。

在卧室进行的断舍离一共花了两个小时左右。用这么短的时间就可以获得巨大的效果，因此我建议选择卧室作为断舍离的第一步。

【浴室和盥洗室】

我也建议将浴室作为最先着手的地方之一。因为浴室具有面积不大，东西不多，而且使用目的明确的特点。

在进行断舍离之前，我家浴室中放洗发水的不锈钢架子上，乱糟糟地摆着种类多样的洗发水、护发素和沐浴露的瓶子，还有梳子。除此之外，浴室里还有清洗身体时坐的凳子、脸盆、沐浴擦等等。应该不是我东西特别多的关系吧？我想每家每户应该都差不多。

可是仔细一想，每天用到的东西是哪些？其实有四样就足够了，分别是**洗发水、护发素、沐浴露和沐浴擦**。所以我把除此之外的东西都扔了，放洗发水瓶子的架子也处理了，瓶瓶罐罐都立起来放进了墙壁内嵌的置物柜。

对于要不要处理掉脸盆，一开始我有些犹豫，直到发现其实淋浴的时候没有机会用脸盆。凳子虽然每天都用，但是仔细一想，**改成站着洗头和身体的话，就不需要凳子了**。站着洗澡对健康也有益，而且更加方便清洗。所以最后，我把脸盆和凳子也扔掉了。

扔掉这些东西后我想到的是，东西变少了，不仅浴室变得清爽舒适，**污垢也不容易积累，打扫起来会省事很多**。架子和脸盆这些东西容易附着水垢或是缠上头发，还会变得黏糊糊的。要是不放这些，每天泡完澡后直接用水"唰"地冲一下就干净了，使用浴室专用清洁剂的频率也减少到一周一次左右。

自从发现这个优点之后，我开始把手伸向了其他地方。比如**淋浴间的排水沟和排水口的盖子、浴缸保温盖**。

之前每次打扫浴室的时候，我都会先把排水沟和排水口的盖子取下来清洗。有一天我突然想到，似乎并不需要它们。排水沟和排水口的盖子是为了遮挡因为水垢和头发堆积而变得脏兮兮的沟槽。每次洗完澡把排水口冲干净，清理掉上面的头发，就不再需要拿东西遮挡了。没了盖子自然就不需要清洗了，打扫浴室变得更加省事。

或许很多人会感到吃惊，我居然连浴缸的保温盖都处理掉了。水烧热后没有直接进浴缸泡澡，为了保持水温才需要给浴缸盖盖子。如果在水烧热后直接进入浴缸，自然就不需要保温盖了。家里不止一个人的时候，由不泡澡的人负责加热水或是添柴就能一直保持水温了。

正因为有只要盖上保温盖，就可以在任何时候泡澡的想法，才会错失泡澡的最佳时机，或是不知不觉打起瞌睡，还没泡水就凉了。

到头来，用浴缸保温盖会浪费更多电费和燃气费。

毛巾类全都用白色

我有在盥洗室化妆的习惯，所以盥洗室的化妆箱里塞满了化妆品。我在前文中提到，不是每天会用到的东西，我都收起来或是扔掉了。还有饰品和珠宝腕表，考虑了今后半年到一年的使用情况后，我把日常使用的饰物放进了珠宝箱，将预计今后不会用到的东西都扔了。

说到盥洗室里容易越积越多的东西，还有一样具有代表性的物品，就是毛巾。我原本以为，因为毛巾没有放在每天看得见的地方，所以断舍离的感受效果会差一些，没想到它对人的心情有很大的影响。

我家里原来有大大小小四五十块毛巾，其中有自己买的，还有别人送的。四五十块毛巾的图案和颜色找不到任何规律，而且都破破烂烂的。尽管有那么多毛巾，日常使用的却只占一小部分。

最后，我把那些毛巾全都用作抹布，转而换上了全新的纯白毛巾。我们家是母女两人生活，所以四条浴巾、十条左右的面巾加三块左右的擦脚垫就足够了。这些全都是在伊藤洋华堂的SEVEN PREMIUM（原创品牌）买的。新买了那么多，也只要一万日元多一点（约合人民币七百元）。

白色的毛巾给人一种强烈的清洁感，沾上污渍会非常显眼，所以可以让人清楚地知道什么时候该清洗、什么时候该替换。不光是浴巾，毛巾颜色不统一会导致房间显得杂乱无章。我的建议是至少把浴巾都换成白色的。仅仅是做这些改变，生活就好像打开了新的篇章，让人神清气爽。

【玄关】

玄关处最大件的物品要数鞋柜了。我的鞋柜也难逃"收纳破产"的宿命，玄关上散落着各式各样的鞋子。

因为喜欢鞋子的设计而购入，可是买回来之后发现不合脚，最后被打入冷宫，这是一个典型例子。最后收在鞋柜里的绝大部分都是平时不穿、如同全新的鞋子，而最常穿的两三双鞋总是摆在鞋柜外面，无家可归，变得残破不堪。

明白了自己在日常生活中几乎不穿高跟鞋之后，我只给自己留下了两双高跟鞋，其余全都扔了。无论是保暖靴还是时尚款的靴子，一个季节里只有差不多一次出场机会，但却占据了大量的空间，所以我把靴子都处理了，只留下了到脚踝位置的短靴。

至于运动鞋和皮鞋,我留意到自己**只穿某一品牌和同一型号的鞋子**,所以就把保留的鞋子送洗,又添置了几双一样的。

光是扔掉的鞋子,就可以装满三四个四十五升的垃圾袋。剩下的鞋子,把所有种类加起来也只有十双左右。鞋柜一下子腾出了差不多一半的空间。

在玄关还堆满了鞋子的时期,快递员上门的时候,我甚至不想开门,只留一条缝与外界联系,或是不得已地走出房门交涉,总之非常排外,同时觉得很羞耻。玄关变得宽敞整洁之后,不知怎么我就开始有了自信,连心态都变得不一样了。以前寄快递的时候,为了不把家里的景象示人,我只能特地跑一趟便利店,现在我可以堂堂正正地在家中等快递员上门取件了。

另一类充斥在玄关的,便是摩托车和自行车的头盔。我把原来超过十个的头盔精简到了不到三分之一。

因为自行车和摩托车是我的爱好,所以在玄关周围、储藏间、停车场这几个地方都放了相当数量的自行车和摩托车。其中有**五辆折叠自行车,四辆普通自行车**。我每天真正使用的是一辆雅马哈的电动自行车,另外的都相当于收藏品。我**还有十辆滑板车,五辆摩托车,包括汽油摩托车三辆、电动摩托车两辆**。因为自行车是改装的,所以还留下了一堆零件。

由于很难判断要扔掉多少收藏性质的车，因此我运用了第3章的"物品价值即效用"的分析法，以是否仅仅因为持有就感到开心为判断标准，最后处理了三辆折叠自行车。

【厨房】

尽管厨房用品的数量和在厨房停留的时间因人而异，但由于厨房带有明确的使用目的，所以整理起来相对简单。判断是否舍弃某件物品的标准，是物品本身能否提高做菜效率。

最早我在水池下的柜子里层叠收纳了五六种锅和三四个平底锅，要使用放在下面的锅时，必须先把叠在上面的锅都取下来，把要用的锅拿出来，用完之后再按原来的样子放回去。一想到有那么多步骤，心里不免觉得麻烦，就会从一开始丧失做菜的动力。

因此我决定精简锅具。我开始思考厨房里到底准备多少个锅才够用，最终得出的结论是一共需要四口锅，分别是：

· **两口直径二十二厘米，中等大小的锅**，用作智能电压力锅的内胆锅。

· **一口直径十六厘米的小锅**，用于油炸食物或煮少量蔬菜。

· 一口直径二十八厘米的平底锅。

其余的锅全都处理了。

有两口中等大小的锅，可以一个用来煲汤，另一个用来煮菜。中等大小的锅还是太大的话，煮菜时可以盖一个小一圈的盖子。因为几乎不可能同时用到两口平底锅，而且小锅的功能大锅都具备，所以只要有一口大的平底锅就可以了。再加上一个油炸食物用的小锅就足够了。

可能有人会觉得如果用小锅油炸食物，就不得不分成几次炸，很麻烦。其实，用小锅油温上升的速度更快。有人认为放足够的油炸出的食物更香更好吃，但同时会觉得一次用大量油非常浪费，舍不得倒掉，因此会反复使用。比起在大锅中反复使用大量的油，不如在小锅中加入六百到七百毫升的油，之后用一包食用油凝固剂就能处理干净。而且每次更换新油炸出来的食物一定更加美味。

除了锅具，留在水池下面柜子里的只有两把菜刀和一块较大的砧板。考虑到有时候其他人会来一起做饭，我就留了两把菜刀。

柜子里只剩下这些东西，取放锅具的时候丝毫不会觉得有负担。

熟练掌握厨房电器的功能

除了锅具，厨房器具还有：

- 智能电压力锅
- IH 电磁加热烤鱼炉
- 松下 Bistro 水波炉
- 夏普 HEALSIO 水波炉
- 烤箱

除了烤箱，其他的电器我都保留了。**反过来可以说，正是因为有了这些厨房电器，我才可以放心地减少锅具的数量**。细节部分我会在第 7 章中说明，这里要说的是，熟练掌握这些厨房电器的功能之后，**只要把它们放在一边，菜就做好了，从此做家务可以实现多任务处理**。

例如，IH 电磁加热烤鱼炉大多可以设定温度，而且烤鱼炉的温度上升速度非常快，一下子就能达到设定温度，所以也非常适合当作小型烤箱使用。只是拿来烤鱼的话，就太浪费了。

也许有很多人从来不看说明书，但仔细阅读说明书之后，会发现厨房电器有很多意想不到的功能，而**熟练掌握这些功能，可以有效减少厨房里的物品种类和数量**。

餐具基本上是五套

不知不觉间碗碟、刀叉、筷子越来越多，于是我设定了**每类餐具只留下五套**的规则。

饭碗、汤碗、小碟子、中碗、大盘等每类留下两种，每种五套。

一家人一起吃饭的时候用一种餐具就足够了，偶尔来很多客人的时候，拿出两种餐具，每种五套就足以应对。就算不是所有人用同样的碗碟，也不会有人因此不开心。至于筷子，我准备了一次性的竹筷给客人使用。

我家里还有各种各样的马克杯，有的是参加活动的纪念品，有的是从国外带回来的伴手礼。仔细想一下，自己喜欢且平时在用的只有Polish Pottery（波兰陶器）的两种马克杯。一只大约几千日元，并不是特别昂贵，所以就统一买了他家的杯子。**这种陶器可以用来喝咖啡，喝茶，也可以喝果汁，所以我把日本茶杯和玻璃杯都扔了。**

当开始整理存储容器和水壶时，我才惊讶地发现自己在不知不觉间竟然攒了这么多东西。存储容器大概有三十个，估计可以塞满两三个碗柜，而且其中多是盖子和容器对不上号的。水壶也有五个。

在最初的断舍离阶段，我留下了四五个存储容器。后来我发现没有它们也能照常生活，就把它们全扔了。**只有在冰箱和灶台都放满了东西，不把东西收集起来就没地方可放的**

时候才需要存储容器。只要冰箱和灶台还有空间，给普通的盘子包上保鲜膜就可以存放食物了，根本不需要装进存储容器。

最好别买功能单一的产品

断舍离过程中，我还找到了无数在百元店之类的地方购买的功能单一的便利型产品，让人哭笑不得。比如玉米专用去皮器、大蒜专用取芯工具、柠檬专用榨汁器。这些东西绝大部分我都扔了。它们既便宜，看起来又好用，所以总让人按捺不住想买的冲动。但其实**能用到功能单一的产品的次数很少，常常好不容易轮到它们出场了，关键时刻又不知去向**。从中我得到了一个教训 —— 最好别买功能单一的产品。

厨房里还有多到放不下的锅铲、大勺一类的厨具。对于它们，我只留下了认为必要的，其余全都扔了。

• 大勺三个，考虑到可能同时有两个汤羹类的菜，因此需要两个，再加一个用来盛味噌汤，一共三个。

• 饭勺一个，只用于盛饭。

• 在竹质锅铲和不锈钢锅铲之间选择了竹质锅铲。因为不锈钢锅铲是单一功能产品，大多数情况下能用竹质锅铲代替，而且不会出现同时有两个地方需要用到锅铲的情况，所以只留下一把竹质锅铲。

- 筛子和调味盆各留下一大一小。

搅拌机很占地方，却只具备把食物切成碎末的功能，因此我换成了手动的小型切片机。

榨汁机也被我抛弃了。以前我经常拿它榨新鲜果汁，但是自从我知道吃蔬菜沙拉比喝果汁更健康后，就不再用榨汁机了。直接食用蔬菜和水果时，咀嚼的过程能够促进口腔分泌唾液帮助消化，还能充分锻炼颌面肌肉，更有益于健康。

借此机会，我还把绝大多数蛋糕烘焙工具处理了。自从我知道自己对小麦粉过敏后，就不再用它们了。

严格挑选调味料，只留下最基础的

整理调味料的时候，我还发现了成堆的过期香料。

我只留下了这些：

- 橄榄油等最基本的食用油。
- 葡萄黑醋等最基本的醋、酒、味淋、酱油。
- 白砂糖、盐、胡椒、咖喱粉、淀粉、辣椒。

其他的调味料全都扔掉了。对于百里香、欧芹、月桂叶、大蒜、生姜、鼠尾草、彩椒、肉桂、八角等香料，使用频率低的便不再保留。

将调味料数量缩减到这一程度后，**我就能全部记住哪种调味料还剩下多少，管理存货也更加容易**，不会再出现突然发现哪种调味料用完了的情形。万一有调味料用完了，再去买就好了，没必要囤货。我会尽量选择高品质的产品，并且**为了保证它们的新鲜程度，我每次都不会多买，这样才可以及时用完。**

我还把咖喱卤、肉酱、某某素^①等加工调味品都扔了。因为我知道很少有场合能用到这些加工调味品，而且它们是占据空间的一大原因。就算没有咖喱卤，只要有咖喱粉，就能用小麦粉、咖喱粉和食用油即刻调制出所需的咖喱原料。制作各类高汤也只需要小鱼干、木鱼花和昆布干这三种原料。我也不再用浓汤宝做汤底。

厨房的空间尤其狭小，而东西数量又相对较多，所以对厨房进行断舍离时，最重要的是：

- **不使用专用品，尽量寻找可以代替的物品。**
- **扔掉使用次数较少而且十分占据空间的物品。**

我想这一原则适用于断舍离的全部领域。

整理好厨房后，我做菜的效率也有了惊人的提升。我开始觉得，相较于特意跑去便利店购买食物，还是在家做更加方便快捷，所以我自己做饭的次数明显增加了。我相信这样对身体健康也非常有好处。

---

① 作者指的是味之素品牌旗下的各种调味品。——译者注

第 6 章

留下什么，扔掉什么？
中高级篇

我在前面的章节中说明了如何对卧室、浴室和盥洗室、玄关、厨房进行断舍离。我相信很多人将断舍离进行到这一步之后，能够切实感受到扔东西的快感和断舍离后的惬意生活。在这一章，我将继续说明如何在衣橱、客厅、办公桌、储藏间等难度较大的地方开展断舍离。

【衣橱和衣柜】

每个人拥有的衣服和时尚物件的数量各有不同，可能差别很大。相对而言，女性的衣橱通常装满了衣物。不过，要是能对衣橱进行断舍离，那么**每天花在打扮上的无谓的时间就会骤减**。而且穿什么样的衣服度过一天，密切关系到每天的心情，因此可以说，衣橱是断舍离效果非常明显的地方。我们一起加油吧！

绝大多数人每个季节都会买上几件衣服。**要是没有养成舍弃的衣服多于买入的衣服的习惯，衣橱终究逃不过"收纳破产"的命运**。我之前提到过，我的卧室里有一个衣橱和一个衣架，其他房间还有步入式衣橱，不幸的是它们最终全都陷入了"破产"的状态。

每次从洗衣店取了衣服回来，我就把它们扔进衣橱里，之后干脆忘了这回事，洗干净的衣服放在那里好几年都没穿过。遭到这样待遇的衣服不计其数。

衣橱里最大件的要数毛皮大衣了。看到它的时候我自己都吓了一跳，没料到自己竟然还有这样的衣服。回想一下，确实有买过的印象，买回来的那年倒也穿过几回。让我惊讶的是，**对自己来说价格再贵、体积再大的东西，只要放在看不见的地方，它的存在就会从记忆中消失。**

不仅是毛皮大衣，大衣类的衣服里有好多都不穿了。比如红色和灰色的长款大衣，焦糖色的羊绒大衣……

我经常穿的只有一件美津浓的 Breath Thermo 黑色发热羽绒服。我之所以钟情于它，是因为它采用了最先进的科技，既轻便又保暖。相比之下，其他外套不是过于厚重就是太长，总之有一定的缺点。

羊绒大衣是花了很多钱买的，红色大衣是从纽约带回来的，很有纪念意义，要下定决心扔掉它们真的需要勇气。可是一想到占据空间，又没有什么穿它们的机会，我就只留下了黑色羽绒服和一件外出时穿的毛皮大衣，把其他的衣服都处理了。

同样不怎么用到却占地方的还有与我的爱好有关的摩托车连体服和高尔夫装备。我原来有五六身不同颜色、不同材质的摩托车连体服，而它们不能折叠存放，是空间成本很高的物品。所以，我只保留了两套摩托车连体服。至于高尔夫装备，明明每个月我也打不了几次高尔夫，却有十二套高尔夫装备，每个季节三套。最后，我只留下了一套，其他的全都处理了。我打算今后去打高尔夫的时候，就穿普通的运动服和"优衣库"这种适用于多种场合的衣服。

扔掉西装，引入连衣裙

西装并不适合我现在的生活方式，却占据了相当一部分空间。在还是咨询师的年代，我几乎每天都要穿西装，那些西装都被我穿得皱巴巴、旧兮兮了。成为自由职业者之后，我几乎不再有穿西装的机会，但我想着万一有机会用到呢？所以就暂且留着西装了。

不过，我好好回忆了一下，即使是参加日本政府组织的有关男女共同参与社会议题的会议，在会见安倍首相时，我也只穿了连衣裙。**既然在会见首相的时候，穿连衣裙也没有问题，那么今后应该不会再有穿西装的机会了。** 这么想着，我把西装统统扔掉了。

西装原本是针对男性设计的服装，因此适合高个子、直线型身材。像我这样身高不足一米六的女性穿就不好看了。

最近，我在反思自己的生活方式时注意到，我平时最常穿的反而是**黑色系的连衣裙**。原因是黑色系的连衣裙适用的

73

场合更多。**通过不同饰品的搭配演绎，无论是休闲还是正式场合都能自如应对。**

与西装不同的是，大多连衣裙在家就能清洗，不束腰的设计穿起来也更舒适。更重要的是，**穿连衣裙不需要额外搭配服装**，所以更加节省空间。还有，在自己家里穿和脱都非常方便，能节省时间。这么看来，连衣裙真是尽善尽美。我注意到，在前几年我还很胖的时候，因为嫌弃穿连衣裙显胖，所以没有穿连衣裙的习惯，但是当我瘦下来之后，来来回回只穿那几件连衣裙。于是，我又买了好几件。

自从引入连衣裙之后，**家居服这一概念就从我的生活中消失了**。买的是出门和在家都能穿的衣服的话，花在衣服上的费用可以减少到原来的三分之二。之前我一直认为，一件连衣裙要三万日元（约合人民币两千元），真是不值得，可是现在我想到买了之后在家也能穿，就觉得这个价格非常划算了。

以前我总是担心在家穿着出门穿的衣服会把它弄脏。进行断舍离之后，家里变得像酒店的客房一般干净整洁，即使在房间里穿着出门穿的衣服，也一点都不会觉得别扭。**在做打扫等家务的时候，只要在连衣裙外面套上一件围裙就足够了。**

结束一天的工作回到家里，不需要换衣服，套上围裙就能马上开始打扫屋子或是准备晚餐。要是穿着不尴不尬的家居服，出门购物或是倒垃圾就会成为负担，容易造成扎堆处理各类事务的局面。当穿的是和外出时一样的衣服，摘掉围裙便能即刻出门，降低了顺序处理的难度。

内衣基本上是四套

对衣橱进行断舍离后，就会发现一系列杂物中哪些是多余的，哪些是缺乏的。

比如我就发现，一直以为需要再买的Ｔ恤却有近二十件，而冬天穿的紧身裤袜只有两条，根本不够穿。虽然有数量惊人的袜子，但平时在穿的只有三双。内衣有很多件，可是我平时只穿领口大的款式……

我渐渐认识到，自己只会使用与自己的喜好和生活方式相契合的物品。我扔掉了不再使用的和多余的东西，添置了缺乏的物品。以下物品成了衣柜的固定班底：

- 连衣裙 六条
- 毛衣 两件
- 卫衣 两件
- 裤子 两至三条
- 贴身衣物（内衣和Ｔ恤） 各四套
- 袜子类（长筒袜、短袜、冬天穿的紧身裤袜等） 各四双

仅仅是这些而已。

女性杂志常常鼓动我们购买各种类型的衣服，每天进行不同的搭配组合。而实际上，大多数人即使有很多衣服，经常穿的也只有最喜欢的那几件。

现在这个数量的衣服，足以让我在出门时变换不同的风格。要是衣服再多一点，恐怕我就不想再管理衣物了。有了全年能穿的材质的衣服，再通过HEATTECH（发热内衣）这类衣物进行冷暖调节，任凭季节变换都无须再更换衣物。

可能有人会觉得四套内衣不够，这里不妨进行逆向思维：**先改变生活方式，然后四套内衣就足够轮换**。要是一周只进行一次集中清洗，那么四套确实不够，所以要勤快地洗衣服，就像洗碗一样。应该没有人会连续一周不洗碗吧？

内衣只剩下四套后，管理就变得十分轻松。因为有充足的收纳空间，所以取回晾干的衣物后只要随便往衣柜里一搁就行了，甚至不需要折叠。本来清洗和晾晒衣物时，就是因为积攒了很多件再去做才会觉得吃力，如果只有几件衣物，那么一眨眼的工夫就能搞定。如果衣物出现损坏，只要成套更换就好。

千挑万选只留一个包

我还有很多不用的包，其中不乏名牌包，但几乎都是全新的。也就是说，名牌包并不适合我。我平时穿的衣服并不适合搭配名牌包，要是拿着一个名牌包，会显得非常突兀。

再时尚、再昂贵的物件，要是与自己的生活方式不相符，最终只能被雪藏。我大部分时候用的是一个非常方便的包，因为我只用这一个包，所以它已经变得破破烂烂。**在考虑变换造型，把因为与衣服不搭而没用过的包用起来之前，应该先想想怎么处置已经破破烂烂的包。**

因为没办法更换钱包里的东西，所以大家都只有一个钱包。我发现，可以用同样的思路对待包。

于是，我新买了一个包，这是一个经过深思熟虑的决

MOTHERHOUSE 的包和组合收纳包。上面的用来装钱包和驾照，下面的是化妆包。

定。它就是MOTHERHOUSE的"**夜空**"中号两用包。一秒就能在挎包和双肩包之间切换，步行时可以双肩背，搭乘电车时可以当作挎包，用起来十分方便。包的设计也非常时尚有型。大小刚好能装进一台笔记本电脑，容量、口袋尺寸、拉链等方面也堪称完美。它带来的休闲感恰到好处，和衣服百搭，无论是购物还是上班都非常合适。完全可以只用这一个包，用旧了再换一个。

包里的东西根据用途被分装在不同的收纳包里。我去附近的商店购物时，会把只装着钱包和驾照的收纳包放进包里带走，如果是去更近一些的地方，会干脆不带包，只拿上收纳包出门。出去工作的时候，除了收纳包，我还会装进化妆包。有时候还会带上电脑。也就是说，**我的包里总是装着不同组合的收纳包**。

最终，我扔掉了衣橱里八成左右的东西。衣橱一下子变得空空如也，**只剩下排列整齐的我喜欢的衣服，我不再为穿着打扮而烦恼**。以前我在出门前会浪费很多宝贵的时间，最后要么穿上自己不喜欢的衣服，要么穿上不适合自己的皱巴巴的衣服出门，一整天都闷闷不乐。现在我根本不会有这样的感受。

【客厅】

客厅是与家人一同度过休闲时光的地方，因此会对家庭生活的质量造成莫大的影响。

然而，我家客厅的餐桌有一半的地方被堆积如山的信件和杂志淹没了。有直邮广告、信用卡公司的会员刊物、订阅的杂志等。我每次都暂且把它们放在餐桌上，想着以后再看，然后就再也没有动过了。它们堆叠在那里，就像地层一样。只剩下可怜的半张餐桌供一家人吃饭。

堆起来的东西大都是不要的东西，我把它们都扔了。话说回来，之所以会变成这副惨状，是因为我没有经常对信件进行顺序处理。在收到信件的那一刻就应该决定对信件的处置方式。杂志要么当场翻开阅读，要么拿到就扔掉。直邮广告也应该当即拆开，把其中不要的东西扔掉。如果是必须答复的信件或是税务相关的需要保管一段时间的文件，应该存放在不起眼的地方，而不是直接搁在餐桌上。这类文件也绝对不可以放在抽屉里。因为一旦放进抽屉，就再也找不到了，所以**重要的是把它们收在不起眼的地方**。

客厅的物品中，被我处理掉的大件物品有冷酒器和地毯。自从我不再喝酒之后，冷酒器就再无用武之地，所以我把它送人了。

至于地毯，原本是铺在沙发组合的下面的。鉴于它是灰尘和污渍的主要来源，我在断舍离时开始思考是否有必要留着它，最后还是把它扔了。

我家铺了木地板，但其实没有木地板更便于打扫，房间也会显得更加宽敞。而且，撤去木地板之后，移动沙发也变得轻而易举，很方便地就能把家具摆放到最佳位置。

体积小而数量多的东西，要数出国旅行带回的或演讲主办方赠送的纪念品了。它们一个个都不大，却凌乱地填满了电视机前和钢琴上方的空间。这些纪念品容易积灰，打扫起来很碍事。尽管我不忍心扔掉别人送的礼物，但最终还是把它们清理掉了。

放在电视机前的还有大概超过一百张的游戏光碟和CD。我把它们的数量缩减到了原来的三分之一。除了我平时打算反复欣赏的DVD和CD，其他都被我扔了。有些DVD和CD现在只需要花九百八十日元（约合人民币六十元）就能买到，比当初的价格更便宜，想看或是想听的时候可以毫不犹豫地出手。

我的感觉是，**我们通常会不自觉地购买不超过三千日元（约合人民币两百元）的东西**。这些东西会一点点地积累起来。而对于超过一万日元（约合人民币七百元）的东西，购买之前我们会反复斟酌，也不会频繁购买。总之，不超过三千日元的东西很危险。

一些小的健身器材都不超过三千日元，我们总是想也不想就买了，买回家才意外地发现它们很占空间。我家的客厅里也有几个健身器材，我把它们全部扔了。总之，这次我学到了一课：**买的时候因为物品价格不会给人造成负担，而没有仔细考虑就买回家的东西，最后都会被丢弃。**

【办公桌相关】

不可思议的是，即使是家里非常乱的时候，与工作相关的地方也会相对整洁。我以前写过《拒绝力》一书，可能也是因为这样，似乎唯有对与工作相关的事情，我能够做到断舍离。

不过，到了现在这个时点，电脑的配件和相关书籍都已经扔得差不多了。

想着之后可能会用到就暂且放着的旧电脑，买了之后却不合心意的配件，比如键盘、鼠标和显示器……这些都被我扔了。**虽然还能用但已经老旧的东西，到头来还是派不上用场。**因为新的商品拥有更高的性能，功能完备，只要一台就可以应对所有需求。扫描仪我也有两三台，分为台式和手持的，当然最后都扔了。

说起当初需要扫描仪的原因，是因为过去没有电子书，只有通过扫描纸质书才能把书转换为电子数据。现在的书从一开始就有电子版出售，所以就不需要扫描仪了。

即使是纸质藏书，绝大多数也被我处理了。现在许多书都有电子版，而且随时可以通过二手商店等途径以低廉的价格重新买到同样的书。**在我看来，这几年，藏书这件事的意义变得所剩无几。**

文件和资料、名片的管理

与工作相关的东西，一旦放着不处理，很快会多到让人忙不过来。其中最具代表性的就是文件和资料了。无论是纸质的实物文件，还是电脑里的资料，工作完成后都应该立马舍弃。偶尔我们也会把纸质文件以电子文档的形式保存下来，但是事后也不会再打开看。舍弃之后几乎不会因此困扰，因为现在绝大部分的内容利用网络就能搜索到，很容易找到替代物。就算找不到也没关系，总有办法能够解决。**要是明知将来不会用到，仅仅是出于让自己安心的目的保留物品，那么真正需要的东西就会被埋没。**

只有Gmail里的信息，包括已读邮件在内，我全部保存了下来。为了不让重要邮件淹没在信息洪流里，我把关键的未读邮件设定为在最前面显示。要是有担心会被删除的资料，**可以把它们放在邮件附件用Gmail发给自己，这样所有的信息就都保留在邮箱里了**，而且只要利用邮件的检索功能，就能轻轻松松找到需要的资料。

我已经使用Gmail十多年了，早就把邮箱从免费版升级到了收费版，容量也随之得到扩充。

名片是不是也和书一样，让人发愁得不知道怎么办才好？

我也会利用邮箱管理名片。收到别人的名片后，我会把对方的邮箱地址录入我的免费订阅邮件的读者名单。名片本身则被处理了（实际的录入工作是由事务所的工作人员进行的）。

这样就变成了我单方面发出订阅邮件的形式。若是对方觉得邮件烦人，只要解除订阅就好。如果收到邮件的人想和我联系，可以回复我邮件。**也就是说，由对方决定是不是要继续与我来往。**

就算是不发布订阅邮件的人，**收到名片之后也可以先给对方发送一封邮件，这样至少会将对方的邮箱地址记录在你的邮箱里**。现在这个时代，我们很少从一开始以打电话的形式联系，所以上面说的方法应该足够了。平时用"脸书"的人也可以用"脸书"与他人建立联系。

如果对方是在公司上班的人，只要知道他的名字和所在的公司，联系公司的总机，总会找到那个人。要是连对方的名字和公司名称都忘了，也就等于不认识这个人。到了今天，我们已经很难感受到保留名片的必要性了。

桌子和电脑桌面上只放置每天用的东西

无论是实体的桌子，还是电脑的桌面，都遵循同一个原则：**适合放在外面的只有每天用的东西。**

就拿我来说，放在实体书桌上的只有：

- 印章
- 胶水
- 剪刀
- 裁纸刀
- 三色圆珠笔
- 体温计

这些东西正好可以放在一个小的马克杯里。

对于不是每天用的东西，应确定好存放场所，把它们放进抽屉之类的地方，并**在外面贴上标签，标明里面装了什么，以便管理。**

要是平时不用心整理，电脑桌面就会在不经意间满到放不下文件。我想最好是定期删除或是把文件移动到相应的文件夹里。现在，我的电脑桌面上只有**还在创作中的文稿、订阅邮件内容的备忘录和最近常用的厨房器具的说明书**。要是放太多东西在电脑桌面上，不仅会让人看花了眼，还会严重妨碍工作效率。

放在收藏夹里的网页链接也只有**天气预报、日经新闻、"脸书"和离家最近的公交车站的公交时刻表**，全都是每天

实际用到的。要是没有把网页添加到收藏夹，就失去了一键
访问页面的意义，这样还不如直接搜索更快。

对于苹果手机上应用软件的数量，我也极力控制在最
低限度。专注单一功能的应用只有用来记录每天睡眠情况
的 **Sleep Cycle**。其他应用只安装了谷歌地图、Gmail 和
LINE、"脸书"、推特这些社交软件。

将所有备忘录进行电子化管理

说起来，我对自己写的所有内容，就算是一点笔记，都
会进行电子化管理。我们常常会把写在纸上的笔记弄丢。因
此，**只要有一点想法，我就会记录在电脑和手机里**。参加会
议等活动的时候，要是需要记笔记我也会用手机记。反正我
需要记的只有关键词，用 **Flick 输入模式**（手指上下左右滑
动日文平假名键盘的方式）打字非常快，用手机都可以达到
媲美电脑盲打的速度。

对日本现在的高中生和大学生来说，用 Flick 输入模式
绝对比手写更快。即使是成年人，只要习惯了这个输入模
式，也会觉得它比在纸上记录更快更容易。尤其是苹果手机
的 Flick 输入模式，其表现比平板电脑和安卓系统的手机更
出色。

经常有人问我，通常会在苹果手机上用什么软件记笔记？就是其自带的设计简洁的"备忘录"。总而言之，任何内容都可以写在备忘录上。我以前也用过像"印象笔记"之类的专用笔记软件，奈何没有比自带的备忘录启动起来更轻巧的软件，所以现在我只用自带的备忘录。

我还设置了将苹果手机上的备忘录同步到iCloud（云服务）上。所以苹果手机和平板电脑上会同时保留录入的备忘录信息。即使更换手机，上面的数据也会转移到新手机上，所以过去几年的备忘录都得以留存。

我在苹果手机上的笔记的特点是，仅仅罗列了关键词，除了本人几乎没有人明白写了什么。这样输入才更快，即使只剩下关键词，自己也清楚记得当时为什么要写备忘录。要是凭借备忘录里的关键词依旧想不起来要做什么，那么那件事一定不重要，就算忘了也不会影响什么。

我以前买过纸质的笔记本用来记录，后来发现不需要，所以现在也不用纸质笔记本了。大概在两年前，我干脆连文具盒都不用了。到了最近，我随身只带一支笔。总之，我自己的日常记录完全实现了无纸化。

随着科技的进步，最佳的信息管理方式也在发生改变。在还没有互联网的年代，为了保存数据资料，人们只能留存纸张。现在网络上有各种信息，通过社交软件可以随时与人取得联系。我甚至觉得已经没有必要做文件归档的工作了。

无论收纳还是时间，不留出余地就会出现危机

最后，我留下的信息设备是：

- 台式电脑
- iPad mini
- 苹果手机
- 非智能型翻盖手机
- 笔记本电脑

以前外出的时候，为了在目的地也能工作，我一定会带上笔记本电脑，有时还会带上手持扫描仪和手持打印机。最近，我不怎么带电脑出门了。这样做是为了尽量**改变在家工作，出门也工作的状况**。

比起在笔记本电脑小小的屏幕上操作，家里的台式电脑屏幕更大，自己的工作效率也更高。所以我更愿意多花二十分钟回家一趟。不要把工作排得太满，以至于连二十分钟都挤不出来。

把日程排得满到不得不在外工作，无疑是本末倒置，以前我就犯过这样的错误。**收纳也是一样的道理，要是不留出两到三成的余地，收纳就不再发挥作用。工作上，要是不留出一定的富余时间，就会出现危机。**

最初拿出来用于工作的时间大致是一半左右。要是不留出这部分时间，到头来一定会发现自己没有时间做整理、查资料和与人见面。

乍一看，留出一半的富余时间会耽误工作的进度，但其实这样做才更有利于提高生产率。**时间和收纳一样，保证富余率至关重要。**

【储藏间】

前面提到的地方，每个我都花了一两个小时，在一天之内完成了断舍离。只有最后的储藏间，我连续工作了超过六个小时才搞定，艰辛程度与其他地方不可同日而语。在此我奉劝各位读者，最好一开始不要从储藏间着手进行断舍离。要是**最初从储藏间开始断舍离，想必我一定会从此一蹶不振。**

因为我家的储藏间简直就是一个巨大的垃圾箱。里面百分之九十到九十五是不要的东西，其中混着百分之五到十必要的物件。所以我不可能把它们全部扔掉，必须一件件挑选分辨。

在进行断舍离之前，我不会去想是不是真的会用到，而是习惯性地把当下不需要的东西统统塞进储藏间，所以里面不仅有孩子小时候穿的衣服和绘本，还夹杂着保险证书、孩子的成绩单等重要的文件。把它们从里面一个个挑出来是一场艰苦卓绝的持久战。

如果能在储藏间发现很多意想不到的好东西，还会是一段愉快的体验。但要是百分之九十是垃圾，的确会让人望而生畏。而且由于有很多大型垃圾，光是把它们搬出去就要花一番苦功。不过**话说回来，这都是自己拖延判断的习惯导致的**，所以也无话可说，除了收拾别无他法。

通过收拾整理储藏间我学到的是：

• 对于有可能用到的东西，不能有暂时把它们放在储藏间的想法。

• 储藏间应该放置使用频率不高，却一定会用到的物品。

储藏间应该收纳像电风扇、圣诞树、女儿节人偶之类的物品，它们的特点是**尽管使用的机会很少，但是每隔一段时间一定会用到。不应该把可能会用到的东西放在储藏间。**

这几年，圣诞树已经被垃圾挤在储藏间的角落，没办法拿出来。多亏了断舍离，去年的圣诞节我终于有机会在家点亮圣诞树，已经好多年没这样了。

垃圾要怎么处理

断舍离期间整理出的垃圾多到超乎想象。大概是下一页照片上的样子。而照片中的垃圾也只是其中一部分。

要是把那么多垃圾扔到公寓的垃圾场，一定会招致打扫人员的不满。

能卖的拿去卖，能送人的送人，大型垃圾中应该丢弃的就丢弃……理应这样处理，但这也是一项费力的工作。就算是拿去卖掉，包送到二手名牌店，高尔夫球具送到高尔夫专卖店，找能回收电脑并清空个人信息的平台……不同的物品也要用不同的处理方法，所以一个人搞定这些相当不容易。

我请了专业人员（打扫传道师，治疗师中山优美女士的公司Workers & Brains，https://www.workers-b.com/）帮助我处理垃圾。那是每周为我的公司进行一次清洁的公司。

我们会一次性把一周的垃圾交给他们，费用按他们的劳动时间支付。如果有能卖的东西，他们会卖了之后把钱返还给我们。

听说也有愿意以更低的费用统一回收不用物品的公司。因为他们不会把卖掉东西得到的钱还给我们，所以只需支付几千日元的费用。

第 7 章

不反弹的生活习惯

我在开头部分提到过，过去我一直借由搬家来解决物品的"代谢综合征"，可是五年之后会再次面临物品代谢难题，如此反复。就好像去道场进行为期一周的断食修行后瘦下来了，可是五年之后又再度发胖。所以，**我对如何防止反弹进行了深入思考**。

　　实际上，2012 年我参加了日本TBS 电视台的瘦身节目，在两个月的时间里成功从体重六十千克、体脂率百分之二十七减到了体重五十二千克、体脂率百分之二十四。这个时期我搜集查阅了海量的资料，反复试错，幸运的是体重至今没有反弹。之后我进一步增肌减脂，目前维持在体重五十三千克、体脂率百分之二十二。

　　不管是断舍离还是减肥，关键在于**怎样维持轻松坚持的状态**。在瘦下来之前，我过的是典型的都市生活，最初不知道怎样才能健康减肥，通过全面的学习，终于成功瘦下来，直到现在也能毫不费力地维持身材。

　　瘦身计划的经历让我明白，**断舍离和减肥一样，只要有深入的理解，具备相关的知识，其实可以毫不费力地维持断舍离之后的状态**。因此，我努力将学到的诀窍在日常生活中融会贯通。哪怕当初下了极大的决心进行了断舍离，如果之后继续从前的生活方式，几年后又会回到原点。

　　多亏了断舍离后的坚持，直到今天，许多人来我家做客的时候，都会感叹我家像酒店一样干净整洁。

规则1　全面管理入和出

最重要的规则是**对入和出进行管理**。

在平常的生活过程中，东西会不断增多，于是很多人试图扩充家中的收纳空间，但这是错误的想法。

这一想法的陷阱在于，**错误地将物品管理当作存量问题**。我们必须认识到，**物品管理是一个流量问题**。即应关注流量，也就是物品的入和出的问题。

减肥实际上就是一个管理热量摄入和热量消耗的问题。有论文显示，百分之九十五的人减肥后会反弹。就算进行节食后体重减轻了几千克，只要没有改变热量摄入大于热量消耗的习惯，最后一定会反弹。

钱也是一样的道理。就算有一定金额的存款，要是收支不平衡，支出大于收入，总有一天存款会见底，走向破产。

所以说，**整理、减肥、财富都一样，管理好入和出是最重要的**。即便进行大规模的断舍离，请了技术高超的专业收纳人士把屋子整理得整整齐齐，之后要是不能管理好入和出，最终还是会前功尽弃，回到最初的状态。

容易混淆的是，物品的入和出与钱的收支的思路正好相反。我们对钱的直觉是，应该尽可能地多入（收入）、少出（支出）。然而，物品却应该尽可能地少入、多出。因为物品与钱不同，既不能交换也不会消失。

事实上，不知为何我们总是以为钱和物品都应该多入。而且通常越是有钱的人，越容易冲动购物，一步步在陷阱里越陷越深。

物品的收支绝不能推崇盈余，而应该维持在亏损或是持平的状态。

如何控制购入

尽管心里清楚应该控制物品的购入，可是一看到便利、精美的商品，我们还是遏制不住想买的冲动。我不否认那会给人带来愉悦。虽说如此，要是放纵欲望购买，又会走上"收纳破产"的老路。

到底应该依据什么标准选取要买的物件？

我得到的结论是：根据使用频率和占据空间大小选择物品。

即使看到一件觉得不错的物品，便宜划算，我们也应该先思考**将来会以怎样的频率使用它，以及它会占据多大的空间**。即便价格便宜，要是使用频率低，那么这始终是一件昂

贵的物品。体积大的物品会相应产生较高的空间成本。这样
思考，我们就会发现价格与是否购买的关系并不大。

使用频率高而体积小的物品可以毫不犹豫地购买，使用
频率低且体积大的物品不要购买。对于使用频率高、体积大
的物品和使用频率低、体积小的物品，我们应该在深思熟虑
之后再决定是否购买。

一直以来，我在购买昂贵的物品之前一定会对比研究，
再三考虑之后再决定（我想大部分读者也是如此）。但如果
是价格便宜的东西，我往往不会考虑它的使用频率和占据空
间大小等要素，二话不说就把它们买下。

不过现在，即使是不超过三千日元的衣服，我也会仔细
考量。衣服也好，鞋子也好，如今通常是在店里转来转去，
试穿二十来次之后仅选择了其中的一款。

试穿的时候，我一定会斟酌要不要将它纳为我的衣橱或
鞋柜的新成员。现在留在衣橱和鞋柜里的全都是我喜欢的东
西，要是试穿的衣物不会有和它们同样或是超过它们的出场
次数，我是不会买的。购买物品的门槛因此越来越高。

即使遵循了充分考虑后再购买的原则，也会有看走眼的
时候。进行断舍离后购买的衣服中，也有两件因为缺少出场
的机会而最终被舍弃。同样重要的是，对于经过充分思考购
买的物品，在发现它实际使用频率很低的时候，要拥有马上
把它扔掉的勇气。我想，**通过重复这一判断过程，分辨自己
是否会经常使用该物品的正确率会逐渐提升。**

根据情况灵活进行网购和实体店购买

我认为，**相比网购，在实体店更能做出是否会使用该物品的正确判断**。因为在网络上难以从质感、尺寸、重量等角度感受物品的实际状况。人类的决策常被比作**"感性的大象被轻轻坐在它身上的理智的骑象人所驯服"**。进行网购时，我们只会看所谓的商品性能，信息只传递给了"骑象人"（理性），没有顺利传递到"大象"（感性），往往是在商品送到家中后再进行价值判断，因而网购商品常常在实际使用后才会发现哪里不合心意。

像毛毯这类大件物品还是网购更方便，而像衣服、鞋子这样的小物品，因为是接触身体的物品，最好还是见到、摸到实物，让"大象"来判断把它收纳在哪里，以及以后大致会使用多少次。

不过，如果想要买到在附近的便利店、超市和大卖场买不到或是很难买到的东西，肯定还是网购更方便。即便如此，我还是推荐尽量先去实体店，将物品拿到手里仔细琢磨一下，再次购买的时候再借助网购的手段。

真的需要那件物品吗

如果是使用频率不高的物品，一定要重新想一想是不是非它不可，**有没有其他物品可以代替**。

我把水果刀、芝士刀和面包刀都扔了，因为这些都可以用三德刀代替。削皮器虽然使用频率很低，但是没有其他的物品可以代替。如此说来，应该尽量选择体积小、节省空间的物品。

每一件物品我都会**仔细想一下是不是真的需要**，然后我意外地发现，**很多东西都可以用其他物品代替**。

我还处理了做菜时用到的方形平底盘和盛装厨余垃圾的三角沥水篮，它们都可以用盘子代替。

用大盘子代替方形平底盘，方便清洗，尺寸也正好，再合适不过了。三角沥水篮容易给人一种脏兮兮的感觉。每次有厨余垃圾就放进盘子里，最后扔进盛装厨余垃圾的垃圾桶，再把盘子洗干净，这样就不需要三角沥水篮了。

大盘子可以盖在其他的碗盆上，代替保鲜膜起到防尘作用，所以我认为它实际上是通用性非常强的器具。而酱油碟子可以用小碗代替，所以我认为没有必要保留，就处理了。

我们会因为对物品的存在习以为常，而忘记质疑它的必要性。我们要做的，是带着质疑的眼光审视每一件物品，在购买之前认真想一下是不是真的需要。

不收"不会消失"的礼物

即便在购买东西之前再三考量，综合考虑用其他物品代替的可能性，尽量减少购入，**还是有我们不能掌控的部分，那就是来自他人的礼物。**

我家里已经装不下各种礼物了，有过生日收到的礼物、出国旅游带回的伴手礼、演讲主办方赠送的特产、高尔夫球比赛上赢得的奖品，等等。我很感谢大家的心意，舍不得扔掉它们。正因为如此，礼物的数量呈无限增长的趋势，光是精油散香器就有五个。

现在如果有人为我准备了礼物，尽管非常感谢对方的好意，但我还是会狠下心来当场**拒绝："对不起，我没办法带回家。"**即使这样对方还是坚持送礼的话，我会让他们送到公司。我不会把礼物带回家，而是把他们送给公司的后辈们。

为不同对象挑选礼物并不容易，所以我通常只送一份小小的巧克力这种"吃完就没了"的礼物。

收纳要做到可视化

即使已经尽量把新增的物品（入）控制在所需的最低限

度，但只要生活在继续，物品数量就会不断增加，因此**必须经常留意要舍弃的东西（出）**。

买的时候以为会经常使用，买回来才发现用到的次数很少的物品应该尽早扔掉。

然而，一旦我们把东西收到看不见的地方，就会把它们忘得一干二净，也不会想起它们是不用的物品，所以必须扔掉。

人的记忆力有限。有人认为，电话号码是七位数或者八位数，由此可以推出人类的工作记忆容量只有七到八个字段（信息块），无法记住更多内容。

因此，不要过于相信自己的脑力，收纳一定要**做到可视化，利用标识标明每个地方都装了什么**。这些标识看多了，自然就不会忘记哪里装了什么。也就是要弄清楚家里所有物品的"地址"。

储存管理追求"Just in Time"（准时生产）

有准备的人有提前一步过度囤货的倾向。这一点也必须引起注意。

企业中，有希望保持**适当库存**，实现**"Just in Time"这一说法**。鉴于库存一定会变陈旧，所以企业要确定生产天数，**争取不生产、不持有、不储存超过必要数量的物品**。做不到"Just in Time"的企业会在中长期竞争中处于劣势。

个人也完全一样。家里保有不良库存，意味着本人活动的生产率和周转率会下降。所以，对身边所有事物设定相应的"适当储存标准"尤为重要。

比如我基本上只会往冰箱里存放两天份的食材，每隔两三天去一次附近的超市。我家曾经使用过一段时间消费合作社的上门配送服务，可是，靠想象准确预测未来一周的必需库存是不现实的。现在我家的冰箱空荡荡的，只会放切好的新鲜蔬菜和少量冷冻蔬菜。

我每次只买**两千克的米**。因为我觉得米**和蔬菜一样，新鲜的米吃着更香**。一合①免淘洗米是一百六十五克，每天吃一合米的话，两千克足够十天的量，而且也不重，能自己提回家。

有人会在家里放两到三筒保鲜膜以备不时之需，可一筒保鲜膜的长度是五十米，就算一天用一米，也可以用两个月左右。像这样为未来几个月准备库存没有意义，因为就算用完了也马上可以在便利店买到。

---

① "合"是日本计量单位，用来计量酒或米，一合约等于一百八十毫升。——译者注

规则2　将顺序处理进行到底

在此之前我提到过好几次，不让物品堆积起来的最大原则是**在生活中贯彻顺序处理，也就是实时处理**。

我尽量不让水池里堆积过多的碗盘。当水池里积攒了一些碗盘，我就会马上把它们放进洗碗机，用"少量模式"清洗。碗和盘子不多的话一个半小时就洗好了。如果非要等到塞满洗碗机再洗，就要花上三个小时，时间会久得多。

为什么大家都要等积攒到一定的量才肯清洗？因为拥有的碗盘数量多到可以攒起来。我把碗盘的数量控制在最小限度，所以不勤洗的话下次吃饭就没有碗盘可以用了。平底锅也只有一个，所以要第一时间腾出来，做下道菜时才能用。而且用完之后马上洗，趁锅还热的时候清洗油污也更容易。

可以说，这是一个"先有鸡还是先有蛋"的问题。

· 坚持顺序处理，不需要多余的东西→东西少了，不得不践行顺序处理，结果更加轻松。

这样就会形成良性循环。

洗衣机我每天也会转两次，就和洗碗机一样。每次的量只有一点点，所以能迅速完成洗衣、晾干、叠衣服这一连串操作。如果衣服积攒了一堆再清洗，要晾干、叠衣服、收纳，都不是轻松的工作，必须面对一堆待洗涤的衣服、晾干收进来的衣服和需要放起来的衣服。这样就需要大量的储存空间，还会让人摸不清什么东西放在哪里。

　　而且，少量多次洗涤可以方便将毛巾、容易损坏的衣物分类。**为了更好地去除毛巾上的污渍，需要用六十摄氏度左右的热水洗涤，而普通衣服适合在四十摄氏度的水温洗涤，容易损坏的衣服的洗涤温度则不应该超过三十摄氏度**。如果把衣服积攒起来清洗，就做不到这么精细的区分了。我想很多人都没有认真看过衣物上的洗涤标识，但是最好按照洗涤标识上的说明进行洗涤。

　　可能会有人觉得，反复用洗衣机会浪费水电，但洗一次只需要几十日元（约合人民币不到六元）。少量多次洗涤能提高生活的舒适度，还能让衣服和毛巾使用更持久，这么看来这样做更为划算。

实现顺序处理必备的电器

　　我在第3章中提过，正如电脑CPU性能的提升使顺序处理成为可能，日常生活中，电器品质的飞跃促成了多线程的实时处理。倘若每天要多次手洗餐具，用木桶洗衣服，那么即使是再勤劳的人，给他再多时间也不够用。

　　我之所以能够实现家务的多线程实时处理，是因为家里的家务多半是人工智能家电承担的。

　　例如：

- 打扫交给扫地机器人Roomba 和擦地机器人Braava。
- 洗涤交给电脑控制的美诺洗烘一体机。
- 做菜交给HEALSIO 水波炉或是Bistro 水波炉，还有智能电压力锅。
- **洗碗交给松下洗碗机。**

经过这样列举，我想你们应该明白，实际上需要我自己做的事情就只有先把东西装进机器，再把东西从机器里拿出来收好。

我从二十多年前就开始工作了，当时还没有这样的电器，或是即使有也很贵，所以要想兼顾工作和家务、育儿非常困难。

现在我坐在书桌前工作的时候，Braava 在擦地板，洗

扫地机器人 Roomba（左）和擦地机器人 Braava（右）。

碗机也在工作。既然有这么方便的家电，我想把熟练掌握它们的秘诀介绍给大家，包括清洁地板时必不可少的 Roomba 和 Braava，我正在不断研究的智能电压力锅和 HEALSIO、Bistro 水波炉。

轻松驾驭 Roomba 的秘诀

Roomba 是 iRobot（艾罗伯特）公司出品的自动清洁房间的扫地机，**运用了人工智能技术**。现在 Roomba 在扫地机器人的市场销售份额中占据首位，我猜很多人家里都有。我从大约五年前起就拥有两台 Roomba，一台放在客厅，一台放在工作的房间。

说实话，这几年来我几乎没有用过它们。因为在进行断舍离前，地板上布满各种东西，根本不可能让 Roomba 在地板上跑。这次因为我撤除了所有的健身器材、书和衣服，Roomba 终于有了用武之地。想让 Roomba 大显身手，必须清空地板上的东西，这样 Roomba 才能畅行无阻地移动。

只需轻轻一按，即使不在家，即使是在半夜，Roomba 也能自行清洁地板。经常打开 Roomba，就能毫不费力地保持地板的清洁。不过，想要轻松驾驭 Roomba 就得掌握一些小诀窍。

比如，**直接用充电插头给Roomba充电，而不要用充电座**。因为用充电座可能会出现突然接触不良中断充电，Roomba转一圈之后在返回充电座的途中电量用尽停工的情况。

充完电之后不要忘记整理好充电线。Roomba闹出过被自己的充电线缠住，无法移动的笑话。当然，**其他电器的电源线也要尽量规整好，或者把它们整齐地捆在一起，别让电源线挡了Roomba的道**。Roomba有可能钩到的东西也用胶带等固定住。

另外，要留意一段时间Roomba会经过的地方，检查Roomba能扫到哪些地方，哪些地方进不去，在哪些地方会绊到，根据这些情况不断修正改进。

最好每天都让Roomba跑一次，有困难的话就两三天一次。Roomba难以应付大面积的地板清扫，但是非常擅长拾取地板上的灰尘和毛发。所以最好是让Roomba承担频繁而精细的清洁任务。

Roomba扫完地之后，不要忘记清洗垃圾盒和毛刷。习惯清洗毛刷和过滤网后，看到它们变得非常干净，心情也会很好。

还有就是易耗品。根据需要更换电池、毛刷、垃圾盒这些易耗品。我家原本使用的是一套五年多前买的500系列，后来我把它的边刷组件换成了700系列，并用了更大的集尘盒，于是Roomba变得更静音，毛刷在拾取毛发和垃圾的同时不会发生缠绕，清洁功能更加强大。我建议只对电池和毛刷进行更换，这样就不用买最新款的机器了。

最强擦地机器人 Braava

擦地机器人 Braava 同样来自 iRobot 公司。通俗地讲，它就是带抹布的 Roomba。家里如果铺了木地板，用 Braava 再合适不过了。

Braava 的过人之处在于：

- **一点都不吵（没有旋转的毛刷）。**
- **电池电量持久，能进行长时间的清洁。**
- **具备擦洗功能。**

购入 Braava 之前，在用 Roomba 扫完地之后我会定期拿拖把或是抹布擦洗地板，现在 Braava 能替我完成擦洗的任务。

Roomba 容易在缠上较细的电线后停止工作，而 Braava 非常可靠，不容易被电线之类的东西绊住。不仅仅是地面，把它放在桌上的话，它还能够自动识别桌子边缘，在不跌落的前提下把桌面清理干净。

Braava 需要安装一个清洁垫，每次使用都要清洗清洁垫并绞干，这样会很费劲，所以我推荐大家使用 **Quickle**

Wiper 的一次性立体吸附拖把替换巾。这款拖把替换巾可以干湿两用。最好隔一天运行一次 Braava。

延长机器使用寿命的秘诀是**不要过于细致地清理沾在 Braava 和 Roomba 上的垃圾**。滚轮和毛刷上容易夹带垃圾，只要拿小镊子把能取下来的清理掉就可以了。

对于 Roomba 和 Braava 无法清扫的较大垃圾或是房间角落的垃圾，我会拿出戴森的**无绳吸尘器**。无绳的吸尘器尤为轻便。

Braava 擦不到的地方只能用手擦洗清洁。我觉得每次准备抹布很麻烦，所以都用一次性的 Quickle Wiper 拖把替换巾擦。每当注意到鼠标被用得油腻腻，架子上沾了灰尘，我都会用替换巾擦干净，让物品时刻保持锃亮如新。

能交给机器的打扫工作就交给机器，需要自己清洁的部分时不时做一下，这样就不会觉得打扫是很大的负担了。

煮菜就用智能电压力锅

我家有智能电压力锅、Bistro 水波炉和 HEALSIO 水波炉。厨房家电和锅炉的区别在于，做菜的时候不用一直在旁边看火，只要放手不管，一会儿美味的菜肴就做好了。

例如，因为智能电压力锅能对内胆进行温度的调节管理，所以擅长炖煮菜肴。要做煮南瓜的话，只要切好食材，加入调味料，把电压力锅设置到八十五摄氏度，煮一个小时即可。由于后续不需要我处理，所以**操作时间不超过五分钟。**如果拿一般的锅具来煮，为了方便进行温度调节，要根据食材的数量选择合适大小的锅，因此家里需要准备几个不同尺寸的锅，或者做的过程中需要不断调节火候的大小。而用智能电压力锅则可以节省这些步骤。

只要掌握好火候，不管是廉价的南瓜，还是特价的肉类，加一点简单的调味料就能凸显食材原本的味道，做出美味的菜肴。这才是做菜的真谛：简单就好。

我从来不看食谱。**只要对菜肴的总重量、用盐量、温度设定有一定的概念，就能做出大部分的菜肴。**比如，我希望用盐量占菜肴成品总量的百分之零点八左右，由于煮的过程中会有大约百分之十的水分蒸发，所以一开始应该加入占食材总量百分之零点七左右的盐量。假如食材总量是一千克，那么一开始应该放入七克左右的盐。

七克盐可以是各种形式的组合。一大匙酱油含大约两点五克盐，一大匙味噌含大约两克盐，一小匙盐是五克。可以自由组合这些调味料。甜度可以设置在食材总量的零到百分之二之间，如果想让口味更甜一些，就设置在百分之二，如果不需要甜味就设置为零。在学习过厨艺家水岛弘史先生的逻辑思考法之后，我掌握了他的调味法则，也就不需要菜谱了。

Bistro 和 HEALSIO 各司其职

我家有一台Bistro，还有一台HEALSIO。既然它们都是水波炉，为什么还要用两台？因为它们各自擅长的功能不同，我经常将Bistro作为普通的微波炉和烤箱使用，而HEALSIO是蒸汽烤箱，对我来说它相当于一个**巨大的蒸笼**。蒸菜就交给HEALSIO。用蒸笼做菜难度较大，但是HEALSIO一下子就能搞定。加热米饭这些工作也可用HEALSIO的蒸汽加热功能。虽然用水蒸气加热要花超过十分钟的时间，但是加热后的米饭的味道和用普通微波炉加热的完全不同，就像刚煮好的米饭一样美味。

不管怎样，要是让其中的任何一台承担烤箱的角色，那就没法再用微波加热的功能了，所以必须配备两台。

我家最受捧场的菜肴之一是芝士焗红薯。做法是：挑选个头较大的红薯，去皮，切成一厘米厚的圆片，用HEALSIO蒸烤。由于是慢慢蒸制的，所以蒸出来的红薯特别甜。

在HEALSIO蒸烤期间，用Bistro准备混合的调味汁。也就是在半杯牛奶中加入二十克黄油，用Bistro加热一分钟而已。

蒸好红薯后，用捣碎器把红薯捣碎，倒入调味汁后搅拌均匀，再淋上融化的芝士，把它们全部放到烤盘，撒上面包粉，打开Bistro的焗烤模式烤制，一道芝士焗红薯就完成了。

几乎所有的步骤都是由 HEALSIO 和 Bistro 完成的，我要做的只是放手不管，整个过程非常省力。

肉块比肉片更方便

如果打算在做菜的时候"放手不管"，那么像五花肉、鸡翅这类块状的肉比切成薄片的肉更方便。虽然无论是煮还是烤，块状的肉都更费时间，但是烧制的时候不需要一直在旁看管，而且做出来的肉会更加入味可口。做鸡翅之类的话，只要把食材放进智能电压力锅，放入调味料，按下按钮就可以了。鸡胸肉的话，只要撒上胡椒盐，放在烤架上烤就行了。

这时候要注意不要加热过度。做菜的第一大忌就是烧过头。一旦超过两百摄氏度，蛋白质就会凝固或被破坏，因此轻松把菜做好吃的秘诀，是使用能够进行温度调节的厨房电器，在不超过一百八十摄氏度的温度下慢慢烧制或炖煮食物。煮菜的时候，也要把温度设定在八十摄氏度左右。

营造没有负担的生活的终极方法

前面我针对如何通过实践两个规则来防止反弹进行了说明，这两个规则分别是：

规则 1　全面管理入和出

规则 2　将顺序处理进行到底

在这里，另一个我想尝试的终极方法是**搬家到廉价超市附近**。现在离我家最近的超市商品价格偏高，去廉价超市要走大约一公里。

要是离家不远的地方就有一家廉价超市，就可以把超市当作家里的冰箱和仓库，从而进一步减少家中的库存和物品数量。我们应该转变观念，就像搬走家里的健身器材，养成"在地铁站的楼梯上也能随时随地健身"的意识一样，尽可能地实现功能外置。

或许这是一个比较极端的方法，但是为了维持舒适的生活，防止反弹，我认为付出这些努力也是值得的。

第 8 章

逃离脏乱房间，
挽回停滞不前的人生

我在第 2 章中写道，通过断舍离可以立即获得人变瘦、金钱变多、时间变充裕等现世利益般的回报。其实断舍离的效果不限于此，**还会进一步一点点作用于人的内心深处，其力量足以逐渐改变人生。**

具体来说，断舍离能让人重拾对身边事物的主动性和控制权。自己承担责任人的角色，**把家里打造成比一流酒店还舒适整洁的生活空间，而且完全是按照自己的要求定制的。**

大家都会为怎样做才能获得幸福，怎样才能拥有充实的人生而烦恼，要是能做到：

- 每天住在干净的家里
- 穿着自己心仪的衣服
- 吃到自己做的美味可口的饭菜

毫无疑问任何人都会觉得很幸福。谁能想到，仅仅是因为进行了断舍离，这一切都得以成真。接下来，请允许我具体谈论一下自己的感受和生活上的变化。

经过断舍离，家里变得整洁了，因此我开始用花装饰客厅、工作间和卧室。不过，我还是觉得去花店买花或是让花店送花很麻烦。就在这时候，我注意到超市入口处在卖花，种类繁多，价格还非常便宜。在此之前，虽然我一年到头往超市跑，却一次都没有注意到。我想是因为**那时候内心还不够从容。**

超市营业到晚上九点或十点。我至少每两三天去一趟，所以现在对我来说，买花就像买豆腐一样稀松平常。

除了客厅、工作间和卧室，现在走廊、盥洗室和厨房也都摆上了花。花**不仅美观，而且香气宜人，能让人一下子平静下来**。虽然只是一小束花，也确实能让人感到非常幸福。

最近我也会先给附近的花店打电话，请他们准备价格在一千五百日元（约合人民币一百元），适合二十五厘米高的花瓶的花束，过二十分钟左右再去取。这样客厅里就总是有花艺师精心装扮的美丽花束了。

脏乱房间带来的风险

断舍离后，我喝咖啡的量急剧减少，转而觉得花草茶更好喝。只是因为眼前不再有多余的东西，我的心情竟然可以如此平静。**一直以来，无意间我不知道积攒了多少压力。那时候就是用喝咖啡来麻痹自己的。**

我想，**住在脏乱房间带来的最大风险，就是变得不相信自己**。总之，摆在眼前的一直是缺乏自我管理能力的事实。这会一天天慢慢地作用于大象（感性）。

比如挑选衣服的时候，只会穿手边有些旧的衣服，哪还谈得上什么搭配打扮。就这样逐渐丧失了在人前的自信。想邀请朋友来家里做客，也因为实在觉得难为情而作罢，最后变得更不善于交际。骑象人（理性）当然不会把这些当回事，但是大象却不同。大象会想，就连快递员上门的时候，或是同一座公寓的业主因为物业管理的事到访的时候，我都会因为难为情而挡在玄关不让他们看到家里的样子，我一定病得不轻。

我们绝大部分的运势都是靠与人顺畅沟通获得的。而像"住在脏乱的房间"这样小小的因素，也会阻碍与他人的顺畅沟通。不敢请人来家里做客，当然也不敢告诉别人自己其实住在脏乱不堪的房间里。

一个人周围的状态就是他内心的现实反映。现实反映凌乱不堪，表明此人的内心很可能也同样凌乱不堪。如果面对物品都不能发挥主动性，对"人"又怎么成功发挥主动性？

家里变得清爽之后，每天都不用吃无谓的苦。不需要费力气绕开东西，也不用花时间找东西。**人的意志力有限，要是把难得的意志力用在与无谓的事物较劲上，就无法应对重要的事情，与他人进行沟通联系了。**而且，因为回到家后还是觉得心神不宁，家人也不愿意回家，一家人一起度过的时间也会变少。

现在，我觉得自己家是全世界最舒适的地方。只要一有时间，我就马上回家，痛快地睡一觉。在家的时候，关于工作的新点子、应付家务的妙招层出不穷。我有生以来第一次达到这样的状态。

扔掉东西后，人际关系出现改善

很多人告诉我，**自从舍得扔东西后，他们的人际关系也有了改善**。这是因为，**断舍离是最简单有效的自主训练方式之一**。

我已经写过好几次了，"总之先留着"这样的想法是在拖延和放弃思考。因为不想去考虑一件物品是否必需，为了节省精力，就以不扔掉为决定敷衍了事。这就像平时想偷懒，动不动就搭扶梯和直梯，因为不走楼梯所以腰腿力量变弱，于是越来越依赖电梯，形成恶性循环。也就是由于没有扔东西的能力，所以东西越积越多；东西越积越多而不具备扔东西的能力，所以东西进一步增多。

要是不趁年轻培养用长远的眼光看待物品必要性的能力，随着年龄的增长，这一能力会不断退化。我们会看到一些老年人的家都快被东西淹没了，这一事实也从侧面印证了他们思考精力的减退。

在管理物品的过程中，自行确定优先顺序和目标，在现在和将来中找到平衡点，这需要极其丰富的知识储备，堪比一种脑力训练。这一工作能让人重新掌握对自己的人生和人际关系的主动性，人生也会从此好转。

"为人生负责，积极主动。"史蒂芬·柯维在经典励志书籍《高效能人士的七个习惯》中推荐了七个习惯，其中第一个重要习惯就是"积极主动"。我们在家里也一样要积极主动。

与其赚钱不如舍弃

留给每个人的时间都是一天二十四小时，这二十四个小时能给自己带来多大的舒适感，决定了人生的幸福程度。钱只不过是让人生更加舒适的手段而已。

的确，想获得幸福，必须要拥有超过一定数额的金钱。2002 年诺贝尔经济学奖得主、普林斯顿大学心理学家、教授丹尼尔·卡尼曼通过研究发现，年收入在七万五千美元（约合人民币五十万元）以下的人，幸福感会随着收入上涨成比例增多，但是在年收入超过七万五千美元以后，幸福感便不再明显增强。如果住在脏乱的家里，穿不喜欢的衣服，吃难吃的食物，就算赚再多的钱，也根本不可能感到幸福。有一定的收入，接下来只有通过提高衣食住方面的水平，才能提升幸福度。

根据我自己的体验，**通过断舍离，我的人生幸福度大致提升了一到两成**。而如果要靠增加收入来提升一到两成的幸福度，是非常困难的事。这样想的话，为了自己和家人的幸福，多赚一千块钱和每天多花三十分钟做家务整理，维持一个舒适的家，这两者应该怎样选择呢？我想答案毫无疑问是一个舒适的家！

家务的重要性

一直以来，主妇们一定都知道家务和整理在人生的幸福中占据多么重要的位置，但恐怕其他人都把家务和整理看得太轻了。家务的话题被放到性别角色分工的语境中讨论，还被认为是阻碍女性进入社会的原因，而另一方面，家务本身的意义至今没有得到充分的探讨。

此前我根本没想过要分出很多时间在家务上，而是觉得做家务的时间能减则减。当我认真对待家务和整理，就体会到了它们带给我的巨大幸福。因此，**我建议大家把家务当作一项爱好**。

只要想做家务，任何人都能做好。对能认真完成工作的人来说，家务不需要特别的技巧，只需要制订计划、安排步骤。明明做得到，只是因为不重视，所以不愿意花力气做。

我在进行断舍离的前后几个月间，努力在每天发布的免费订阅邮件上记录提升家务效率的方法和与幸福相关的原理等内容。这些内容实际上取得了很大反响。推特上有很多人评论说很有意思，让他们深受启发。我把这些内容打包发布后，没想到收获了"好到不真实"的评价。**我自己把这个命名为"逻辑家务"**。

我想恐怕许多人都是这样，从进入社会后到现在，自己心目中"为什么赚钱"的主从关系发生了逆转。原本赚钱应该是为了丰富每天的吃穿住，为了让自己和家人幸福，然而不知道从什么时候起，主从关系颠倒了过来，变成了因为迫切想赚钱，反而疏忽了吃穿住和幸福。

在清爽的家中度过无压力的时光，踏实安睡、健康饮食，最终无论是事业还是人生都会朝着好的方向运转。凡事非良性循环即恶性循环。**首先从扔掉东西开始迈出第一步吧！这样做就可以开启人生的良性循环。**

请大家想象一下。回到家里，等待自己的是像酒店客房一样棒的房间，家里全都是自己喜欢的东西。能够在舒适的环境下自己动手做超级美味的菜肴。从起床到就寝，穿的都是自己喜欢的衣服。一家人在宽敞的空间里谈笑风生，宠物在周围跑来跑去。双休日还能请朋友来家里开派对。

没错，只要你下一点小小的决心，这些幸福都可以得到，而且几乎不花费任何成本。来吧，现在立刻挑战"逃离脏乱房间两周计划"！

后记　终于找到了相爱的恋人

其实，在写完这本书的正文部分后，发生了更加了不起的事情。

断舍离后，我开始请人来家里做客。我从年底开始，陆陆续续邀请了几十个人。我就是和到访者中的一位开始了交往。

我在写正文部分的时候，他还没有出现。在全书只剩下"前言"和"后记"的时候，发生了对我来说堪称奇迹的事情。

家里变得整洁之后，我对我家和自己的内心都更加有信心，开始勇敢邀请人来家里做客。来做客的人当中，有一位喜欢我，希望能和我发展恋爱关系的人。要是换作以前，首先我不可能请人来家里，就算来过我家之后邀请我去约会，我也会因为缺乏自信而拒绝对方。现在，我可以大大方方地接受邀请，并开始和他交往，这一连串的经过都非常美好。

巧的是，我给本书起的名字是"两周挽回你的人生"①。

---

① 翻译自原日文书名。——编者注

我正是经过几周的收拾整理，成功"挽回了后半生"。

原来的我已经放弃了恋爱和再婚，可是断舍离不仅带来了变瘦、工作业绩提升这些效果，还送了我一份最棒的礼物——任何事物都无法替代的"两情相悦的爱情"。

现在来到我家的人，都会发出"简直像酒店"的赞叹。因为家里物品数量不多、非常干净，还装饰了花。恋人告诉我，我的朋友第一次带他来我家玩的时候，他发现我很爱笑，所以对我心动了。

要是我家还是以前的状态，恐怕朋友的朋友——我最好的"他"也不会来。就算和他有顺利发展的希望，我也一定会退缩，觉得住在脏乱房间里，已经是大妈的自己配不上这么好的人。

心和身体息息相关，心和物品的状况也息息相关。

我压根儿没想到这样的事情会发生在自己身上，仅仅是通过整理房间，就实现了"挽回人生"这么夸张的变化。不过现在回想起来，擅长整理收拾的朋友们曾经告诉我，心和周围的整理状态息息相关，并苦口婆心地劝说我整理。而当时我的理解只停留在：

• 内心凌乱→房间凌乱。

实际上反过来同样是真相：

• 改变房间的凌乱状态→内心不再凌乱。

如果你感到人生遭遇挫折，情路屡经坎坷，收入不见增长，肥胖没有改善，不如先从收拾整理开始，重置自己的人生。

　　四十七岁的我已经是个大妈了，即使这样也找到了过去
不敢想象的恋人。连我都这么说了，一定不会有错。

　　祝大家成功逃离脏乱房间，重新掌握自己的人生！

2016 年 3 月

胜间和代

附录　两周逃出脏乱房间记录表格

Lesson 1 【可视化】

　　苹果手机让我对自己每天的活动量有了了解，从而推动了断舍离的进程。

　　首先，观察一下自己的懒惰程度，以此为根据将自己蒙受的损失"可视化"。

A

为了能更加客观地看待自己的房间，给房间拍张照片。

photo（照片）

B

如果有测量活动量的工具，测一下每天平均的活动量。

日期	活动量
/	千卡
/	千卡
/	千卡
/	千卡
/	千卡
/	千卡
/	千卡

平均活动量为

千卡

C

为了知道自己因为东西过多浪费了多少时间，对化妆箱、钱包、冰箱等有限的空间进行整理，测出整理后化妆、付款、做菜的时间缩短了多少。

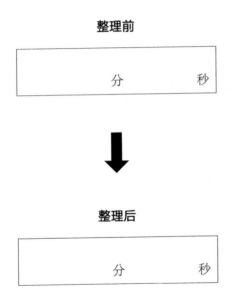

整理前

分　　　　秒

整理后

分　　　　秒

Lesson 2 【确定断舍离的顺序】

为了推导出断舍离的起始场所，根据下列项目，按下一页的1~5分对家中各个场所打分。

合计各项分数后，从总分少的地方开始断舍离更容易成功。

项目＼房间	卧室	浴室	盥洗室	玄关
① 度过时间的 长短				
② 场所目的的 明确程度				
③ 物品数量的 多少				
合计				

从总分少的地方开始。

①度过时间的长短　　　长　　　1 2 3 4 5　　短
②场所目的的明确程度　明确　　1 2 3 4 5　　模糊
③物品数量的多少　　　少　　　1 2 3 4 5　　多

厨房	衣橱	客厅	书桌	储藏间

Lesson 3 【日程化】

　　确定每个场所开始断舍离的时间，记入日程表，同时确定目标完成时间。接下来只要按日程执行即可。

第一周

日期	场所	目标完成时间
/		
/		
/		
/		
/		
/		
/		

第二周

日期	场所	目标完成时间
/		
/		
/		
/		
/		
/		
/		

图书在版编目（CIP）数据

两周逃出脏乱房间：带你回归人生正轨的居家整理术 /（日）胜间和代著；沈亦乐译.
—— 南京：江苏凤凰文艺出版社，2020.3
ISBN 978-7-5594-4527-8

Ⅰ.①两… Ⅱ.①胜… ②沈… Ⅲ.①家庭生活－基
本知识 Ⅳ.① TS976.3

中国版本图书馆 CIP 数据核字 (2020) 第 011441 号

NI-SHUKAN DE JINSEI WO TORIMODOSU! KATSUMA-SHIKI OBEYA
DASSHUTSU PROGRAM by KATSUMA Kazuyo
Copyright © 2016 Office Cosmopolitan
All rights reserved.
Original Japanese edition published by Bungeishunju Ltd., in 2016.
Chinese (in simplified character only) translation rights in PRC reserved by
Gingko (Beijing) Book Co.Led., under the license granted by Office Cosmopolitan, Japan
arranged with Bungeishunju Ltd., Japan through Bardon-Chinese Media
Agency,Taiwan.

本书中文简体版权归属于银杏树下（北京）图书有限责任公司。
版权登记号：10-2020-30

两周逃出脏乱房间：带你回归人生正轨的居家整理术

[日]胜间和代 著　　　沈亦乐 译

出 版 人	张在健
责任编辑	王　青
特约编辑	方泽平
筹划出版	银杏树下
出版统筹	吴兴元
营销推广	ONEBOOK
封面设计	柒拾叁号
出版发行	江苏凤凰文艺出版社
	南京市中央路 165 号，邮编：210009
网　址	http://www.jswenyi.com
印　刷	北京天宇万达印刷有限公司
开　本	889 毫米 ×1194 毫米　1/32
印　张	4.5
字　数	76 千字
版　次	2020 年 3 月第 1 版　2020 年 3 月第 1 次印刷
书　号	ISBN 978-7-5594-4527-8
定　价	36.00 元